《畜禽粪便资源化利用技术模式》系列丛书

畜禽粪便资源化利用技术
——集中处理模式

◎ 全国畜牧总站　组编

中国农业科学技术出版社

图书在版编目（CIP）数据

畜禽粪便资源化利用技术 . 集中处理模式 / 全国畜牧总站组编 .
—北京：中国农业科学技术出版社，2016.8
（《畜禽粪便资源化利用技术模式》系列丛书）
ISBN 978-7-5116-2642-4

Ⅰ . ①畜…　Ⅱ . ①全…　Ⅲ . ①畜禽 - 粪便处理　Ⅳ . ① X713

中国版本图书馆 CIP 数据核字（2016）第 141222 号

责任编辑　闫庆健　鲁卫泉
责任校对　贾海霞

出 版 者　中国农业科学技术出版社
　　　　　北京市中关村南大街 12 号　邮编：100081
电　　话　（010）82106632（编辑室）（010）82109704（发行部）
　　　　　（010）82109709（读者服务部）
传　　真　（010）82106625
网　　址　http://www.castp.cn
经 销 者　各地新华书店
印 刷 者　北京科信印刷有限公司
开　　本　787 mm × 1092 mm　1 /16
印　　张　9.25
字　　数　219 千字
版　　次　2016 年 8 月第 1 版　2017 年 11 月第 2 次印刷
定　　价　39.80 元

前 言

　　近年来，我国规模化畜禽养殖业快速发展，已成为农村经济最具活力的增长点，有力推动了现代畜牧业转型升级和提质增效，在保供给、保安全、惠民生、促稳定方面的作用日益突出。但畜禽养殖业规划布局不合理、养殖污染处理设施设备滞后、种养脱节、部分地区养殖总量超过环境容量等问题逐渐凸显。畜禽养殖污染已成为农业面源污染的重要来源，如何解决畜禽养殖粪便处理利用问题，成为行业焦点。

　　《中华人民共和国环境保护法》《畜禽规模养殖污染防治条例》和国务院《大气污染防治行动计划》《水污染防治行动计划》《土壤污染防治行动计划》等对畜禽养殖污染防治工作均提出了明确的任务和时间要求，国家把畜禽养殖污染纳入主要污染物总量减排范畴，并将规模化养殖场（小区）作为减排重点。《农业部关于打好农业面源污染防治攻坚战的实施意见》将畜禽粪便基本实现资源化利用纳入"一控两减三基本"的目标框架体系，全面推进畜禽粪便处理和综合利用工作。

　　作为国家级畜牧技术推广机构，全国畜牧总站近年来高度重视畜禽养殖污染防治工作，以"资源共享、技术支撑、合作示范"为指导，以畜禽粪便减量化产生、无害化处理、资源化利用为重点，组织各级畜牧技术推广机构、高等院校和科研单位的专家学者开展专题调研和讨论，深入了解分析制约养殖场粪便处理的瓶颈问题，认真梳理畜禽粪便处理利用的技术需求，总结提炼出"种养结合、清洁回用、达标排放、集中处理"等四种具体模式，并组织编写了《畜禽粪便资源化利用技术模式》系列丛书。

本书为《集中处理模式》，共4章，分别为概述、技术单元、应用要求和典型案例。"集中处理"是相对畜禽养殖场自行分散处理畜禽粪便的一种新型组织形式，目前已探索形成"企业主导"、"政府引导"、"公私合作（PPP）"等3种主要组织模式。从一定程度上说，畜禽粪便由分散处理向集中处理的转变，如同畜禽养殖规模化、标准化、集约化的推进，是由"副业"转为"主业"、由"业余"转为"专业"的过程。畜禽粪便集中处理，是现代畜牧业发展的产物，如同饲料等畜牧业投入品供应的社会化服务一样，将逐步成为畜禽粪便处理的一种社会化服务方式。

该书图文并茂，内容理论联系实际，介绍的技术模式具有先进、适用特点，可供畜牧行业工作者、科技人员、养殖场经营管理者及技术人员学习、借鉴和参考。

在本书编写过程中，得到了各省（市、区）畜牧技术推广机构、科研院校和养殖场的大力支持，在此表示感谢！由于编者水平有限，书中难免有疏漏之处，敬请批评指正。

编者

2016年3月

目 录

第一章 概 述

第一节 概 念

畜牧业是农业农村经济的重要支柱，为保障畜产品市场有效供给、促进农民增收做出了重要贡献。但随着规模养殖的发展，畜禽粪便产生量大且集中，而大多数养殖业主没有与饲养规模相配套的消纳土地，农牧分离、种养脱节问题普遍存在，资源化利用水平较低；与此同时，养殖业区域化及精准农业的发展，加大了畜禽粪便直接资源化利用的难度。因畜禽粪便资源化利用障碍而形成的畜禽养殖污染已成为农业面源污染的重要来源，部分地区畜禽养殖总量超过环境承载能力，粪便处理和利用不当，对水、土壤等环境造成不良影响，畜牧业发展的资源环境约束明显。据第一次全国污染源普查数据，2010年全国畜禽养殖业的化学需氧量、总氮、总磷排放量分别达到 1 268.3 万吨、102.5 万吨和 16.0 万吨，占排放总量的比例分别为 42%、22% 和 38%，占农业源的 96%、38% 和56%。加强畜禽养殖污染防治，促进畜禽粪便综合利用，是现代畜牧业建设的客观需要，是实现农业可持续发展的重要任务，是生态文明建设的关键内容。

近年来，我国各地积极探索适合当地实际的畜禽粪便处理与利用途径和形式，形成多种多样的技术模式，大致归纳为"种养结合""清洁回用""达标排放"和"集中处理"4种模式。规模畜禽养殖场可因地制宜选择不同模式对畜禽粪便进行处理与综合利用。

一、形成背景

近年来规模化养殖比例虽然在不断提高，但现阶段小型分散养殖仍是畜禽生产的重要形式，以养殖大户（小区）为主的小规模养殖比重依然较大。小型分散养殖污染治理效果成为畜禽粪便处理的重要瓶颈，面临着诸多经济、技术与政策困境。

（一）小型分散养殖场治理条件和能力受限

相对于大型规模养殖场，小型分散养殖场（户）不成规模饲养，养殖数量年度动态变化较大，抵御市场风险能力较弱，管理水平较低，环保意识较差，建场无规划、无环评，普遍缺少污水收集系统，废弃物处理设施简陋。同时，由于规模化养殖粪便处理技术应用成本高，散养户不愿意且无力单独进行畜禽粪便处理。农业由使用粪肥转向大量使用化肥、农村劳动力向非农产业大量转移，给养殖污染治理增加了难度。财政支持方面，目前

只针对部分大、中型规模养殖场，而小型畜禽养殖场难以获得中央、省级和地方财政的支持，规模以下养殖场形成了资金缺乏、技术落后、只重效益、不搞治理的恶性循环。

（二）主管部门监管和技术指导难以到位

总体上看，小型养殖场布局相对分散，点多面广，环境监管成本高，无论是农业部门还是环保部门缺乏科学的管理措施和手段，指导服务难以完全到位。最初普遍采用"小沼气"工程来处理以家庭为单位的畜禽养殖废弃物，但对建成的小型沼气工程后续服务跟不上，养殖场（户）又缺乏专业知识，经常存在操作不当、管理不善现象，且受技术水平和温度条件限制，散养户不具备运行高产气量的中温沼气的条件，许多已建沼气工程闲置废弃，未能充分发挥减排效益。有的沼气工程产品没有与农业生产结合，附近农田无法消纳，甚至引起"二次污染"。

（三）相关法律法规约束缺乏可操作性

尽管我国颁布了畜禽养殖污染防治方面的法律法规及政策，包括《畜禽养殖业污染物排放标准》（GB18596—2001）、《畜禽养殖业污染防治技术规范》（HJ/T81—2001）及《畜禽养殖业污染防治技术政策》（2010）等，但是现有标准、技术规范和管理政策基本上都是针对规模化养殖场（小区）。在分散养殖粪便治理管理方面，原则性规定多、可操作性规定少，限制性政策多、经济激励性政策少，政策有效性和针对性不足。2014年1月1日起实施的《畜禽规模养殖污染防治条例》（中华人民共和国国务院令第643号）将畜禽养殖场、养殖小区的具体规模标准设定权赋予省级人民政府，为小型分散养殖场污染治理纳入法制化轨道提供了契机，但各地目前尚未出台相应的规章制度。

在此背景下，畜禽粪便"集中处理"模式应运而生，变分散处理为集中处理，有效解决了小型养殖场（户）困难，满足了社会需求。

二、基本概念

"集中处理"模式，即在养殖密集区，依托规模化养殖场粪便处理设备设施或委托专门从事粪便处置的处理中心，对周边养殖场（小区、养殖户）的畜禽粪便和（或）粪水实行专业化收集和运输，并按资源化、无害化要求进行集中处理和综合利用的一种模式（图1–1–1）。

相对于分散处理，集中处理具有主业性和专业性特征。集中处理和分散处理在适用范围、业态定位、经济效益等方面存在着不同或差异。第一，从规模经营的效率与效益层面看，集中处理中心的设施设备满负荷、均衡运行和使用，设备利用率高，生产效率高，规模效益容易得到体现，虽然总体投入大于分散处理模式，但按单位成本计算，投入和运行费用则低于分散处理模式。在分散处理中，除大型养殖场外，中小规模养殖场的设备利用效率相对较低，且难以做到全年均衡使用。第二，从不同业态的差异看，在专业技术力量投入、基础设施装备水平、管理精细化程度等方面都有明显差异，与之相关联形成的产品

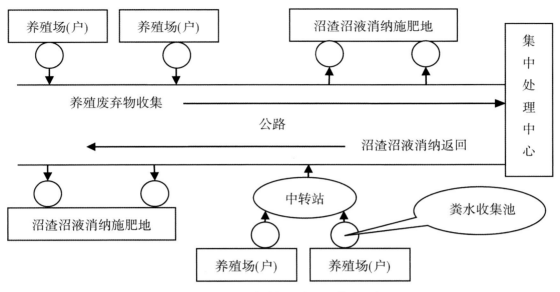

图 1-1-1　畜禽粪便集中处理模式示意

也存在较大差异。集中处理中心以畜禽粪便处理为主业，配备有足够的专业技术人员和管理人员，基础设施装备水平包括自动化程度明显优于养殖场，生产管理更为专业、更加规范和精细，以追求畜禽粪便处理与利用的效益为目标，关注处理与利用的效率。而养殖场特别是中小规模养殖场，难以进行专业和精细的管理，更多考虑以最低的成本达到合适的效果，追求"轻简化"。集中处理形成的产品相对来说更加标准化、精细化和多元化，更符合现代农业发展的需求。养殖场分散处理形成的主要是初级产品，难以控制质量、实现标准化。第三，从科技创新与应用方面看，集中处理中心和畜禽养殖场在科技创新与应用的动力及机制上有着明显的差异。集中处理中心注重科技创新和应用，在设备与技术改造、工艺流程优化、产品研发等方面与相关的科研教学单位开展合作，并有相应的机制和投入予以保障。

　　总体而言，在畜禽粪便处理与利用坚持资源化优先的前提下，集中处理模式的优势更为明显，集中处理更有利于提高畜禽粪便资源化利用的效率和水平。在构建和应用集中处理模式中，从主体层面必须坚持以粪便处理中心为"中心"，一切以有利于粪便处理中心运营和管理为出发点和落脚点；从技术层面必须以资源化利用为"中心"，围绕不同的资源化利用形式，选择相应的收集方式、处理技术及工艺流程。

第二节　组织模式

　　组织就是在一定的环境中，为实现某种共同的目标，按照一定的结构形式、活动规律结合起来的，具有特定功能的开发系统。这里所说的组织模式，是指在畜禽粪便集中处理过程中，为解决畜禽养殖污染这一共同目标，因政府、社会资本、养殖业、种植业四要素所扮演角色的不同而建立起的不同的结构模式（图1-2-1），大致有企业主导模式、政府引导模式、公私合作模式（PPP模式）等。

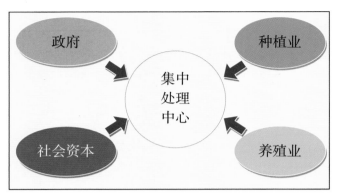

图 1-2-1　组织模式结构

一、企业主导模式

（一）概念

企业主导模式，是以企业主导粪便处理中心投资建设，实行自主经营、自负盈亏，独立承担市场风险，养殖户、种植户成为体系中的利益关联方，政府辅以必要的协调和支持而形成的一种模式。

该模式适合于一条龙大型养殖企业、养殖专业合作社以及"公司＋农户"模式的大型龙头养殖企业等。依托大型养殖企业或专业粪便处理中心的畜禽粪便处理设备设施，对其下属或体系内养殖场（户）的粪便和（或）粪水实行收集、运输，并进行集中处理和资源化利用。

（二）模式构成

1.集中处理中心（企业）

畜禽粪便集中处理中心是该模式的主角，是投资建设和经营的主体。在充分的市场调研和风险评估的基础上，决定建设与否。在投资建设和后续运营整个过程中，企业行为发挥主导作用。企业投资意愿及经营管理能力在很大程度上决定了该模式的成败及效果。

2.政府

该模式中，虽然畜禽粪便集中处理中心的投资建设和经营是由企业主导，但政府的作用不可或缺：一是在规划、统筹方面发挥作用，形成有利于畜禽粪便集中处理的政策环境和社会环境；二是在集中处理中心建设中通过项目扶持给予必要的支持，或将集中处理中心建设视为公共基础设施建设而给予一定的公共财政补偿；三是在畜禽粪便收集、产品利用、利益联结等方面发挥组织协调优势，提供公共服务，有利于提高畜禽粪便集中处理的运营效率。

3. 养殖场（户）

养殖场（户）是该模式的利益攸关方和命运共同体，虽不直接参与畜禽粪便集中处理中心的投资和经营，但间接影响运行效率乃至运营效益，需要承担必要的配套建设、配合工作和减量化责任等。养殖场（户）在模式中发挥的作用越大、与集中处理中心的利益联结越紧密，该模式运行成功的机率就越高。养殖场（户）与集中处理中心的联结，既可以由政府出面协调，也可以由集中处理中心与养殖场（户）直接以订立协议的方式确定。

4. 种植户（基地）

畜禽粪便集中处理终端产品的出路直接决定集中处理中心的生存。种植户（基地）是该模式终端产品的用户，拥有产品使用的决定权，在畜禽粪便资源化循环利用中起着关键作用，也是该模式的利益攸关方。种植户（基地）在使用终端产品的同时，也承担着为集中处理中心反馈产品质量和效果的义务。种植户（基地）与集中处理中心的联结，一般以产品销售合同形式确定。

（三）特点

1. 市场配置作用更充分

企业主导模式中企业自然处于主导地位，拥有发挥市场配置作用的意愿和动力，工业化经营理念的体现更充分，通过整合各种资源，加大科技创新和资金投入，建立形成灵活的经营机制，不断追求高经济效益。

2. 市场导向作用更明显

企业主导模式运行中，企业在产品研发和选择时，以加快资金回报为考量，更加注重市场导向，注重满足现代农业发展对畜禽粪便资源化利用的多元化需求，注重选择技术含量高、经济效益好的产品类型。

3. 系统组织管理更便捷

企业主导模式构成中，主体相对单一，与系统内养殖场（户）、种植户的联结相对松散，主要依靠经济杠杆维系，整个系统的组织管理相对便捷，不存在各种主体间相互制约的情况，运转和管理效率相对较高。

二、政府引导模式

（一）概念

政府引导模式，就是由政府引导建立畜禽粪便集中收集处理体系的组织模式。在体系中，政府发挥公共服务的职能作用，投资建设畜禽粪便集中处理中心，承担集中处理中心运行费用，补助养殖场（户）建设畜禽粪便贮存设施，协调畜禽粪便处理的终端产品（有机肥、沼液等）使用的耕地。同时，政府发挥组织协调作用，与企业、养殖场（户）和种植户之间建立起分工协作、优势互补的关系，形成政府主导、养殖场（户）和种植户共同参与的组织体系，实现种养循环发展与环境优化的双赢目标（图1-2-2）。

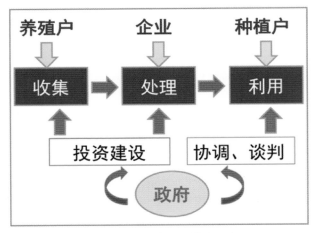

图 1-2-2　政府引导模式示意

（二）模式构成

1. 政府

政府在整个体系中起着主要作用。

第一，政府根据国家《畜禽规模养殖污染防治条例》，出台操作性强的地方性法规或规章，针对不同养殖规模、养殖种类以及新建、改扩建养殖场（户）制订粪便防治实施细则，使环保执法有法可依。第二，地方环保执法部门和行业管理部门加强对畜禽养殖场（户）的宣传指导，对造成环境污染拒不改正的养殖场（户）及时查处，提高养殖户参与的积极性和紧迫性。同时，部分地区可以按照养殖规模和排污量收取一定的环境污染治理费或排污费，将收取的部分环境污染治理费或排污费用于粪便集中收集处理体系的收集、转运、处理等服务，及时公开费用支出明细，接受养殖场（户）及周边群众监督。第三，组织实施畜禽养殖粪便集中收集处理体系基础建设任务，包括：建设畜禽粪便集中处理中心、扶持每个指定的养殖场（户）建设粪便存贮池和干粪堆积棚、建设种植基地粪便贮存利用设施等。第四，政府可以委托第三方（企业）经营管理畜禽粪便集中处理中心，政府负责购买服务和监督考核。

2. 集中处理中心（企业）

政府投资建设的畜禽粪便集中处理中心采用市场化运营后，由具备相应资质的专业公司、农民合作社及行业协会等社会主体具体运营，成立收集服务队伍，完善服务体系。

第一，根据服务区内畜禽养殖污染的现状及地形、交通等条件，建立区域养殖户畜禽粪便产生源数据库和服务区域信息地图，划定片区，建立收集点、收集位置、收集频率和所需人工，分片区平衡设计收集路线，每个片区确定1名责任人，负责本片区的粪便收集，并制订收集计划表，将每天的清运计划安排到户（GPS跟踪），统一调配，及时管理，确保工作有序高效开展。第二，基于养殖场（户）的养殖种类、粪便产生量、粪便收集方式、地理位置分布和运输成本，确定最优的畜禽养殖粪便无害化处理与资源化综合利用模式，并择优选用高附加值的处理技术。第三，建立运行台账，包括与养殖户签订的粪便收集台账、处理中心运作资金明细台账、粪便资源化利用去向及经济效益台账。政府根据台账、养殖户和种植基地反馈情况，拨付运行费用及相关的奖惩补助资金。

3. 养殖场（户）

养殖场（户）作为养殖污染的产生主体，也是粪便集中收集处理体系中的最大受益者，应承担一定的社会责任。

第一，养殖场（户）根据畜禽粪便产生总量以及能够自行处理利用的量，确定需要收集处理体系收集处理的指标量，并根据指标量来缴纳服务费用。第二，养殖场（户）应配合建设粪水贮存池和干粪堆积棚，将日常产生的畜禽粪便收集到相应的设施内以备收集转运。第三，养殖场（户）要主动监督处理中心的收集服务情况，及时向政府反馈相关信息，形成对处理中心的多主体监督体系。

4. 种植户（基地）

种植户（基地）作为粪便集中收集处理体系的末端环节，承载着粪便的资源化循环利用，在畜禽养殖污染减排中起着关键作用。

处理中心定期或分季节将沼渣、沼液运送至田间。与处理中心签订使用协议的种植户（基地）可优先优价购买处理中心生产的终端产品（沼渣、沼液）及其加工生产的有机肥，同时，监督处理中心的粪便处理效果。

在政府引导模式中，"第三方治理"是一种比较典型的形式，其运作要点包括：一是政府对畜禽粪便集中处理进行立项，由有意愿的企业（第三方）承担畜禽粪便集中处理中心建设，建成后由政府回购，产权归政府，协议期内的经营权归企业（第三方）。二是企业与政府签订畜禽粪便处理有偿服务协议，负责建立畜禽粪便收集、处理体系，对与政府协议确定的固定区域内养殖场（户）产生的畜禽粪便进行处理，为政府提供有偿服务，独立经营，自负盈亏。政府按协议确定标准支付服务费用。三是养殖场户按畜禽饲养量或圈舍面积支付一定的畜禽粪便处理费用，支付标准和费用由政府确定并收取。

三、公私合作模式（PPP 模式）

（一）概念

PPP 系 Public-Private-Partnership 的字母缩写，是公共部门通过与私人组织建立合作伙伴关系而提供公共产品或服务的一种方式。PPP 模式（即公私合作模式，图 1-2-3），是指在公共服务领域，政府采取竞争性方式选择具有投资、运营管理能力的私人组织（社会资本），以授予特许经营权为基础，建立形成以"利益共享、风险共担、全程合作"为特征的伙伴式合作关系，将部分政府责任以特许经营权方式转移给社会主体，由社会资本提供公共产品或服务，政府依据公共服务绩效评价结果向社会资本支付对价。在 PPP 模式中，通过引入市场竞争和激励约束机制，发挥双方各自优势，并以订立合同明确双方的权利和义务，最终使合作各方达到比预期单独行动更为有利的结果，一方面可提高公共产品或服务的质量和供给效率；另一方面可减轻政府的财政负担、减小社会

主体的投资风险。

PPP 模式可在减轻政府初期建设投资负担和风险的前提下，提高畜禽粪便集中处理利用的服务质量。在 PPP 模式下，政府和企业共同参与畜禽粪便集中处理项目的建设和运营，由企业负责项目融资，可以增加项目的资本金数量，进而降低较高的资产负债率。

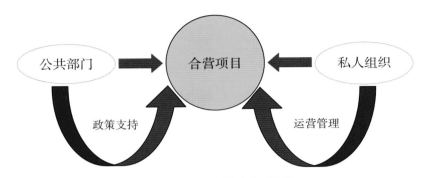

图 1-2-3 PPP 模式典型结构

（二）模式构成

因政府与企业合作的方式不同，故可形成多种不同的具体模式：

1. 政府补贴，承包经营，有偿服务，自负盈亏

一是政府财政对于畜禽粪便集中处理中心的建设给予一定的资金补贴；二是建设完成的处理中心由企业或个人承包经营；三是养殖场（户）按照养殖量缴纳畜禽粪便处理费，用于支付从养殖场（户）畜禽贮粪池收集粪便运至畜禽粪便集中处理中心的交通与人工等费用；四是畜禽粪便集中处理中心运营过程自负盈亏。

2. 企业建设，政府扶持，科技支撑，资金补助

一是政府对畜禽粪便集中处理进行立项，企业承担项目，建设畜禽粪便集中处理中心。二是政府部门协助建立"场户收贮、专业运输、统一处置"的畜禽粪便收集体系，配备粪便运输车辆，定期收集养殖场（户）畜禽粪便；政府财政对于畜禽粪便的收集运输给予一定的资金补助。三是企业基于养殖场（户）的养殖种类、粪便产生量、粪便收集方式、地理位置分布和运输成本，确定科学的畜禽养殖粪便无害化处理与资源化综合利用模式，并择优选用高附加值的处理处置技术。

3. 政府引导，社会参与，市场运作，行业监管

一是政府鼓励粪便消纳能力强的种植业企业（合作社、园区）与分散养殖场（户）对接。二是由种植业企业（合作社、园区）建设和购置标准化、规范化的粪便无害化处理和资源化利用设施、设备，解决畜禽养殖场粪便专业化收集、资源化利用等环节问题。三是根据收集频率、服务范围和收集量合理购置粪便运输车辆；根据具体情况相应建设和购置集中式粪便发酵处理设施设备，施肥还田一体机、配套管网等资源化综合利用设施设备。四是畜禽养殖场（户）建设封闭排污沟、防雨防渗防漏畜禽粪便发酵池、污水沉淀厌氧池等粪便预处理设施。

（三）运作条件

1. 政府部门的有力支持

在 PPP 模式中，公共、民营合作双方的角色和责任会随项目的不同而有所差异，但政府的总体角色和责任——为大众提供最优质的公共设施和服务——却是始终不变的。PPP 模式是提供公共设施或服务的一种比较有效的方式，但并不是对政府有效治理和决策的替代。在任何情况下，政府均应从保护和促进公共利益的立场出发，负责项目的总体策划，组织招标，理顺各参与机构之间的权限和关系，降低项目总体风险等。

2. 健全的法律法规制度

PPP 模式的运作需要在法律层面上，对政府部门与企业在项目中需要承担的责任、义务和风险进行明确界定，保护双方利益。在 PPP 模式下，项目设计、融资、运营、管理和维护等各个阶段都可以采纳公共、民营合作，通过完善的法律法规对参与双方进行有效约束，是最大限度发挥优势和弥补不足的有力保证。

四、三种组织模式的区别

企业主导、政府引导、公私合作模式各有特点，性质不同，在集中处理中心建设投资、运营管理以及运行费用承担主体等方面也有区别，如表 1–1 所示。

表 1–1　畜禽粪便"集中处理"三种组织模式比较

模式	性质	集中处理中心建设投资主体	集中处理中心运营管理主体	集中处理中心运行费用承担主体
企业主导模式	市场	企业	企业（自主经营）	企业（自负盈亏）
政府引导模式	公益	政府	企业（政府购买服务）	政府
公私合作模式（PPP）	合作	政府+企业（或组织）	企业（自主/委托经营）	企业+养殖场（户）+政府（企业和养殖业主分担，政府定额补贴）

第三节　国内外概况

一、国　内

就国内而言，畜禽粪便"集中处理"模式，是近几年探索形成的畜禽粪便处理与利用的一种新型社会化服务形式，是个新生事物，尚处在探索阶段。一是人们对"集中处理"模式的认识还不够全面，有待进一步深化和提高；二是"集中处理"模式的推广应用面有

限，推广应用时间也不长，实际应用效果有待进一步验证；三是"集中处理"模式推广应用的大环境还不够成熟，相关的制约因素较多，需要进一步改变和优化；四是"集中处理"模式本身，特别是运行机制的建立和完善方面，需要进一步探讨和研究。与此同时，在现代畜牧业建设过程中，随着环境制约压力的不断加大，畜禽粪便处理的要求将会越来越高，畜禽粪便资源化利用的方向不可逆转，在这样的大背景下，畜禽粪便"集中处理"模式应用的市场需求将会越来越大，前景看好。

二、国　外

国外畜禽粪便"集中处理"模式应用因国情不同而千差万别，总体而言，应用比例不高。美国、加拿大等土地资源丰富的国家，畜禽粪便处理与利用形式主要是种养结合，"集中处理"模式应用较少。欧盟国家大多实行畜禽养殖与土地消纳配套的政策，畜禽粪便处理与利用形式也主要是种养结合，同时鼓励畜禽粪便用于生物质发电或生产生物天然气。例如丹麦，全国设有 22 个集中沼气发酵站，每个发酵站负责 5 千米以内的畜禽养殖户粪便处理。农户免费向沼气站内提供畜禽粪便，免费获得相当量的有机肥料，沼气站由公司经营，通过沼气发电、供热来获取利润。日本、韩国等土地资源紧缺的国家，畜禽粪便处理与利用以种养结合为主，少部分应用"集中处理"模式进行综合利用。

韩国于 1991 年将畜禽粪尿处理单独立法，制订了《畜禽粪尿 / 畜禽废水管理法》，强化了畜禽粪尿的管理。1999 年，该法规修正案里明确了畜禽粪尿的资源化属性，并据此制订了政策基调，对畜禽粪便的处理方针转到了资源化利用的方向。韩国目前已形成养殖场和废物处理场一体化的流程，在养殖场内首先对不同来源、性质粪便进行分类，对一些能直接利用的粪便以发酵成有机肥料的形式进行回收。对一些不能直接利用的粪便，出场前要高温杀菌，收集在专用粪池里，由废物处理场的专车统一运走，进行层层分解，分别提炼出所需的物质，比如含有大量纤维沉淀物的部分，会回收进入造纸厂进行纸张的加工。

三、国外案例

（一）概况

日本北海道鹿追町废弃物集中处理中心，位于日本北海道鹿追町。该地年平均气温 6.1 ℃（夏季 17℃，冬季 –12℃），主要产业为农业和旅游业，农业生产主要为奶牛、肉牛养殖和甜菜、马铃薯种植等。

该处理中心是日本主要的养殖废弃物处理中心之一，占地 51 500 平方米，建造成本约 17 亿日元（约合人民币 1.105 亿元），于 2007 年 10 月建成使用，负责处理周围农户的生产和生活废弃物。每日可处理养殖废弃物 134.4 吨、餐厨垃圾 2.0 吨、生活污水处理剩余污泥 1.57 吨。

（二）工艺流程

该中心的处理设施主要包括两部分，分别为：堆肥生产工厂和沼气工程。废弃物处理流程如图 1-3-1 所示。

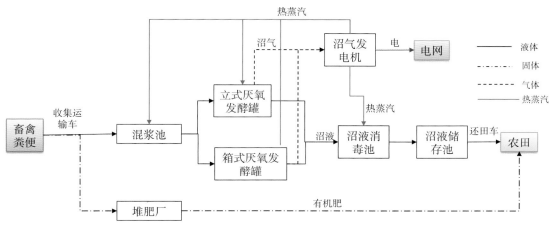

图 1-3-1 畜禽粪便集中处理中心工艺流程

农户将固体废弃物与液体废弃物分别贮存在集装箱式罐体（图 1-3-2），通过卡车将其运至集中处理中心。集装箱体积为 15 立方米（承重 8.4 吨）。集装箱前后两侧可以打开，用于装卸粪便。卡车所排尾气回收，热量用于冬季粪便加热。卡车运输半径为 5 千米，共收集 12 户农场所产生粪便。固体废弃物经过堆肥处理生产有机肥；粪水经过混浆后分别进入立式与箱式厌氧发酵罐产沼气，所产沼气经脱硫后热电联产，所产电力四分之一并网，四分之三场内自用，所产热水用于沼气罐加热、原料加热和沼液蒸汽消毒。沼液经贮存后由沼液喷洒车运至田间灌溉（图 1-3-3）。

图 1-3-2 粪便收集集装箱

图 1-3-3　粪便收集车粪便、还田车抽吸粪便、粪便还田车还田作业

（三）工艺参数与经济性分析

1. 堆肥厂工艺参数

该堆肥生产工厂主要用于生产商品有机肥，处理周期为 30 天，每周翻堆一次。其内外结构、车间搅拌翻堆见图 1-3-4，5，运行参数见表 1-2。

图 1-3-4　堆肥工厂内、外部构造

图 1-3-5　车间搅拌翻堆

表 1-2 堆肥厂工艺参数

项 目	描 述
原料类型	奶牛粪便 35.6 吨 / 天（相当于 550 头成年奶牛粪便量） 秸秆等废弃物 4 吨 / 天 城市垃圾 1.1 吨 / 天
处理量	41.6 吨 / 天
设施尺寸	宽 27.6 米；长 108 米；高 13 米
配备设备	2 台自动搅拌机（转速 0.3 米 / 分钟）

2. 沼气工程工艺参数

该废弃物处理中心配备两种类型沼气工程，立式全混反应器和箱式三相反应器。其中箱式三相反应器是将水解、酸化和产甲烷 3 个阶段分离。经比较，该中心技术人员认为箱式三相反应器更高效，其外形与技术参数详见图 1-3-6 和表 1-3 所示。

（A）

（B）

（C）

（D）

图 1-3-6 箱式厌氧发酵罐（A）、立式发酵罐（B）、沼气发电机（德国 SCHMITT）（C）和沼液贮存池（D）

表 1-3　沼气工程参数

项　目	描　述
原料类型	奶牛粪便 85.8 吨 / 天（相当于 1 320 头成年奶牛粪便量） 秸秆等废弃物 4.0 吨 / 天 洗车废水 5.0 吨 / 天
处理量	94.8 吨 / 天
设备类型	原料混合池 250 立方米 ×2 箱式厌氧发酵罐 400 立方米 ×4 立式发酵罐 800 立方米 ×2 蒸汽消毒槽 100 立方米 ×2 沼液贮存池 6 231 立方米 ×2；11 477 立方米 ×1 气柜 250 立方米 ×2 热电联产发电机 108 千瓦时 ×1；200 千瓦时 ×1 气体蒸汽锅炉 1 000 千克 / 时 ×1 气体热水锅炉 100 000 千焦 ×3 火炬 100 立方米 ×1
热电联产参数	总发电量 4 000 千瓦时 / 天（其中 2 900 千瓦时 / 天场内自用） 产生热水热量 13 500 兆卡 / 天 发电机热效率约 1.0 千瓦时 / 立方米沼气

3. 经济性分析

该集中处理中心主要经济收入包括发电并网收入、向农户收取废弃物处理费、有机肥出售等。过去，发电并网电价为 8 日元 / 千瓦时，废弃物处理费为 12 000 日元 /23 吨（相当于一头成年奶牛一年所产生废弃物 65 千克 / 天 ×365 天 =23 吨，即按成年奶牛计算，一头奶牛每年向农户收取 12 000 日元废弃物处理费）。以年计算，每年运行成本 4 000 万日元，收入 4 500 万日元，基本保证收支平衡。

由于日本福岛核电站事件，日本政府能源政策从发展核能转向发展生物质能源。2013年开始，沼气发电并网价格由 8 日元 / 千瓦时提高至 42 日元 / 千瓦时，而日本家庭用电售价为 25 日元 / 千瓦时，电厂负担从生物发电购买电价与实际出售电价的差额，且政府要求电厂全额购买生物发电量，这一举措提高了沼气项目发展的积极性。

第二章　技术单元

第一节　收集方式

一、畜舍内

畜禽舍是粪便产生的主要场所，干粪与粪水的收集方式对于粪便产生量、粪便后续处理、贮存与利用均有较大的影响。因此，在畜禽舍清粪工艺设计时需要考虑粪便处理与利用方式。

畜禽粪便集中处理模式中主要是将各养殖场难以处理与利用的干粪与粪水统一收集后，进行集中处理。由于干粪与粪水混合收集会导致贮存池体积大、运输量大、费用高，因而采用粪便集中处理模式区域的养殖场应分别收集干粪与粪水，或采用固液分离的饲养工艺。

（一）节水饲养工艺

畜禽舍内产生粪水的主要来源为尿液、饮水器滴漏水、冲刷用水、降温用水等。畜禽舍产生的粪水量影响到粪水池体积和运输成本，粪水中混入的粪便等固体物则会影响到粪水中 COD 及氮磷含量和后续处理难度。因此，控制舍内粪水产生量具有重要的意义。畜禽舍粪水产生量控制技术如下：

1. 尿液量控制

畜禽尿液排出量与饮水量有关，正常情况下能够引起饮水量增加的因素有舍内温湿度、日粮盐分及合成氨基酸添加水平等因素。通过合理控制畜禽舍内温度和日粮中氯离子水平，可以实现尿液量的降低。

2. 饮水器滴漏控制

畜禽饮水时易引起水的滴漏，造成饮水浪费的同时增加粪水产生量。控制饮水器滴漏的环节包括安装水压调节设施和选择适宜的饮水器。水压调节设施可以降低进入饮水器的水压，避免动物使用饮水器时造成饮水的溅出。选择液面控制饮水器，一方面可以避免动物饮水时的滴漏，另一方面避免夏季戏水造成的浪费。

3. 冲刷用水控制

在采用干清粪等工艺时，部分养殖场使用水对残留在地面的粪便残渣进行清理，动物转群或空舍后畜舍清理也用水进行冲洗。建议尽量采用漏缝地面、少量人工辅助清理粪便。在确需用水冲洗时，采用高压水枪进行冲洗，可以大大减少用水量，实现降低粪水产

生量的目的。

4. 降温等用水控制

夏季采用滴水降温、喷雾降温或喷淋降温防暑措施时，应考虑采用电脑控制技术，根据舍内温度及畜禽的需求进行适时启动，避免水的浪费。

（二）干清粪工艺

1. 漏缝地板

全漏缝地面 + 干清粪工艺。漏缝地板可使粪尿直接漏到地板下的贮粪池内（图 2-1-1），贮粪池内的干粪和尿液通过重力作用，实现自主分离，干粪由刮粪板输送，粪水由污水管输送至舍外污水管道中。上述饲养方式适于猪舍和奶牛舍。

图 2-1-1　漏缝地板 + 刮粪工艺

全漏缝地面 + 尿泡粪工艺。漏缝地板下面建有一定高度的粪尿沟（>60 厘米），设置专门活塞式 PVC 管道与贮粪池相通，当粪尿沟内粪便积累至一定高度后，打开活塞使粪尿进入贮粪池。

在漏缝地板下面，可以使用垫料对产生的粪便进行吸附，并利用微生物对粪便进行发酵处理，此方式可以避免污水的产生。

2. 人工干清粪

网床或地面饲养畜禽排泄的粪便和尿液至地面后，利用重力作用，实现固液分离，干粪由人工进行清扫和收集后运送至贮粪场，尿液、残余粪便用少量水冲洗后由粪尿沟或管道排出。该清粪方式的缺点是劳动强度大，效率低，需要较多劳动力资源。该方式适于小型畜禽舍。

3. 机械清粪

利用铲车、刮粪板清粪等方式将粪便清出畜舍。其中，铲车清粪多用于奶牛场舍内或运动场内的粪便清理；刮粪板工艺则适用于各种畜禽舍。刮粪板清粪具有操作简便，运行、维护成本低等优势，适于有粪尿沟的猪舍、牛舍和鸡舍（图2-1-2）。

图 2-1-2　机械清粪模式

4. 传送带清粪

传送带清粪工艺是利用输送带作为承粪带，每层鸡笼下面安装一条输送带，利用电机驱动，传送带定向、定时向一端传动，在输送带的一端设挡粪板，粪便落入鸡舍一侧横向输送带，然后输送至禽舍外。目前，该方法在阶梯式或层叠直列式蛋鸡和肉鸡养殖场广泛应用（图2-1-3）。

图 2-1-3　鸡舍传送带清粪

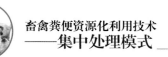

5. 发酵床（厚垫料）饲养工艺

发酵床饲养方式是将木屑、稻壳、农作物秸秆等按一定比例混合，通过利用天然或接种微生物，进行高温发酵后用作饲养畜禽场所垫床或作为畜禽粪便处理用。其原理是利用垫料中微生物对畜禽粪便中的有机质进行分解和消化，发酵产生的热量将粪便中的水分蒸发，实现粪尿和废水的零排放。该方法在生猪、肉鸡、肉鸭饲养中可以用作垫床，在网床饲养模式中可以铺设在地面用于处理粪便，或建设在畜禽舍外，作为畜舍配套设施用于处理粪便。可以利用该方式，结合漏缝地板，将发酵床设置在地板下面，粪便落下后通过机械或人工混合，堆积发酵，实现粪水的零排放（图2-1-4）。

图 2-1-4　发酵床饲养及处理工艺

6. 机器人清粪

机器人清粪工艺是与漏缝地板配合使用的一种机械辅助清粪方式，其工作方式是利用机械刮粪板自动清粪，具有自动化程度高的优点，清粪干净，对动物无伤害。清粪机器人的运行轨迹可通过预设程序对清粪线路进行设计，实现畜舍内清粪通道的自动清粪。该方式主要用于奶牛场（图2-1-5）。

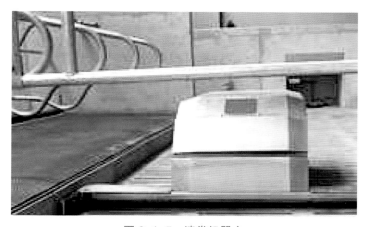

图 2-1-5　清粪机器人

二、养殖场内

（一）雨污分离

养殖场内实行雨污分离是降低污水处理量的关键环节之一。雨污分离的重点是保证养殖场产生的污水与雨水分离。在无运动场的畜禽养殖场，通过污水暗沟或暗管输送即可解决。在设有运动场的养殖场（奶牛场等）还需要将运动场内的雨污水与其他区域内的降水分离，单独收集。具体做法是在运动场一角或运动场内地势低洼处建设污水池一处，容量根据当地降水量确定。污水池四周设污水收集口，池沿应高于周边运动场地面。运动场污水池与养殖场污水输送管道通过暗管相通。

（二）粪水

畜禽养殖场内的粪水或粪尿混合物在向粪便贮存池或处理中心场所输送时，应采用具有防渗功能的暗管或暗沟进行输送。暗沟或暗管输送系统包括各畜禽舍的污水收集管、场内主沟渠和污水收集池。由各个畜舍收集的液体粪便汇集至主沟渠后，再输送至贮存池。如果场内输送距离短，且畜舍至污水暂存池有足够的坡度（3%~5%），可以采用自流方式直接将粪便输送至粪便贮存池，长距离或没有足够的坡度则应采用粪便输送泵进行输送。

（三）干粪

养殖场内干粪输送的主要方式是采用清粪车、传输带等进行输送。由人工或机械自畜禽舍内清出的固体粪便，由粪便运输车输送至贮粪池。

（四）粪便暂存池

养殖场内建立的粪便、粪水暂存池应具有防雨、防渗、防漏等功能，有效容积以满足贮存运输周期（如5~7天）内排粪量。暂存池应设置在养殖场的隔离区，远离生产区和居民区，并且建有专用道路，能够满足吸粪、运粪车辆通行操作。

三、集中处理中心

（一）统一收集体系

集中处理模式中包括有两种方式，一是统一收集、集中处理，二是统一收集、分散处理，上述两种方式均需建立高效的收集体系。

统一收集体系包括：专业化收集运输队伍、粪便密闭运输车辆（自吸式吸粪车、自卸式运粪车等）和科学合理的组织模式。收集运输队伍建设可由粪便集中处理中心、社会组织承担，运输车辆的购置和运输费用由政府、养殖场和集中处理中心三方承担。专用运输车辆必须满足密闭运输的要求，运输过程中应避免粪便滴漏、抛洒，造成收集线路的污染，并带来疫病传播的风险。统一收集的组织模式是保障实施效果的关键。在统一收集体系的建设中，需要综合考虑所在区域的粪便产量、粪便处理中心处理能力、粪便综合利用情况、区域地形特点、农作物种植特点和交通条件，合理设置收集点，划定收集线路，确定收集频率。

在统一收集、集中处理模式中，则需将贮存于养殖场内的粪便运输至集中处理中心，进行集中处理。在中小型养殖场较为集中的区域，利用运输车辆直接将粪便运输至粪便集中处理中心。对于养殖场较为分散的区域可建立收集中转站，设置密封罐贮存设施用于收集各养殖场（户）的粪便，集中处理中心定期收集回收粪便密封贮存罐。处理后还需要将处理后的产物如沼液沼渣进行进一步处理利用，其中产生的沼液需要就近利用施肥一体机或建立配套管网进行输送利用。如果就近利用能力有限，还需要将沼液通过密闭运输车辆运出用于农田灌溉（图2-1-6）。

图 2-1-6　粪便运输车辆

在统一收集、分散处理模式中，需要将贮存于养殖场内的粪便运输至田间贮存发酵池，进行分散处理，分散利用。该方法可有效避免处理后产物的二次运输问题。

（二）干粪收集

在与粪便处理中心直接对接的收集体系中，干粪收集和运输设施主要有自吸式密闭运粪车、封闭式运粪车等，直接将固态粪便运输至处理中心。

在设有收集点的区域，干粪收集和运输设施包括小型运粪车、畜粪收集斗和摆臂式收集车等（图2-1-7）。小型运粪车用于将粪便由养殖场输送至收集点的粪便收集斗，摆臂式收集车定期将粪便收集斗运输至处理中心。收集点的设置、收集设施的数量根据所覆盖区域的养殖场（户）数量、分布和畜禽存栏规模确定。

图 2-1-7 粪便运输车

（三）粪水收集

养殖场内粪水的运输设施一般为自吸式污水车、液罐车，将粪水密闭运输至处理中心，运输距离一般以距处理中心 10 千米以内为宜（图 2-1-8）。

图 2-1-8 吸污车

四、收集及运输管理

粪便的运输应统一用全密封特种车辆全程运输，防止沿途污染；在装卸粪便时要注意人身安全，防止人员掉入集粪池；收集半径在 30 千米范围内比较适宜。

第二节　贮存方式

为解决畜禽养殖带来的环境污染问题，许多畜牧业发达国家采取多项措施对畜禽养殖业进行调控，并通过立法的形式进行规范化管理。在各种管理规范中，粪便粪水贮存设施的作用显得尤为重要，国外对于各类贮粪池的设计、建造以及日常管理方面都有较为详细的规定，贮存设施在国外已经得到十分普遍和规范的应用。美国规定每个畜禽场在建场时必须建造粪便和粪水的贮存、处理和利用设施；欧盟各国大多要求农户建立能贮存 4 个月以上粪尿的设施；丹麦有关部门要求每个农场建造能够贮存 9 个月粪便量的贮存设施；加拿大农业部颁发的《牧场粪便管理办法》，根据牧场规模不同，对粪便的处理也作了不同的要求，如饲养 150~400 头母猪规模的猪场，必须要建粪便和粪水贮存池。在国内，大多数畜禽养殖场粪便粪水的贮存和处理能力不足，不但污染了环境，而且造成了资源的严重浪费。已建有的粪便贮存设施中，由于设计和建造不合理等原因，造成一些粪便贮存设施防漏、防渗性能很差，没有起到贮存设施本身应有的贮存防污作用。畜禽养殖场和有关企业在政府的支持下，开始建设科学的粪便处理设施，一般在畜禽养殖粪便集中处理过程中，在养殖场内和集中处理中心都需要粪便的贮存。因此，加强贮存设施的技术管理十分必要。

一、养殖场内

由于养殖场粪便不合理贮存、处理和利用造成的环境问题已经引起广泛关注。特别是忽视粪便贮存设施的作用，造成许多畜禽养殖场有粪便无害化设备，但没有合理的贮存设施而造成二次污染十分严重。农业部于 2006 年颁布了《畜禽粪便无害化处理技术规范》（NY/T 1168—2006），规范了畜禽养殖场应设置粪便贮存设施，总体要求如下。

畜禽养殖场产生的畜禽粪便应设置专门的贮存设施。

畜禽养殖场、养殖小区或畜禽粪便处理场应分别设置粪水或干粪贮存设施，畜禽粪便贮存设施位置必须距离地表水体 400 米以上。

畜禽粪便设施应设置明显标志和围栏等防护措施，保证人畜安全。

贮存设施必须有足够的空间来贮存粪便。在满足下列最小贮存体积条件下设置预留空间，一般在能够满足最小容量的前提下将深度或高度增加 0.5 米以上。

① 对干粪贮存设施其最小容积为贮存期内粪便产生总量和垫料体积总和。

② 对粪水贮存设施最小容积为贮存期内粪便产生量和贮存期内污水排放量总和。对于露天粪水贮存，必须考虑贮存期内降水量。

③ 采取农田利用时，畜禽粪便贮存设施最小容量不能小于当地农业生产使用间隔最长时期内养殖场粪便产生总量。

畜禽粪便贮存设施必须进行防渗处理，防止污染地下水。

畜禽粪便贮存设施应采取防雨（水）措施。

贮存过程中不应产生二次污染，其恶臭及污染物排放应符合相关的规定。

2011 年，国家颁布了 GB/T 27622—2011《畜禽粪便贮存设施设计要求》和 GB/T 26624—2011《畜禽养殖污水贮存设施设计要求》国家标准，规范了畜禽粪便贮存设施和污水贮存设施设计的要求。畜禽养殖场粪便集中处理过程中，对粪便和粪水暂存在粪便贮存设施和粪水贮存设施中，不在场内进行粪便的进一步处理，而由集中处理中心利用相关的运输设施，将粪便和粪水运到粪便集中处理中心进行处理，畜禽粪便的贮存方式主要依据粪便的收集方式。

为了便于畜禽粪便收集，养殖场产生的畜禽粪便在养殖场内先贮存，每个养殖场建置顶式防渗漏集粪池，集粪池的建设既要方便粪便的倒入，又要方便收集车辆的装运。如槽罐车运输粪便要有一定的流动性，以罐车可以吸取的稀度为原则，粪便内不能有疫苗瓶、垫草、兽药和饲料包装袋等杂物（图 2-2-1）。

图 2-2-1　集粪房

（一）粪便贮存设施

应根据畜禽养殖场的养殖规模和集中收集能力，进行粪便贮存设施的设计和建设，具体的技术要求如下。

1. 粪便贮存设施的选址

首先，选址应根据当地有关要求和规定进行，粪便粪水贮存设施（图 2-2-2）应远离湖泊、小溪、水井等水源地，以免对地下水源和地表水造成污染，并且与周围各种构筑物和建筑物之间的距离应满足相关的规定。其次，粪便在贮存的过程中会有臭味产生，尤其是无任何覆盖措施的贮粪设施，臭味污染严重，甚至在其周围达 80 米远的地方都可能受到臭味影响。因此，选址的过程中要充分考虑贮粪设施臭味污染可能带来的影响，尽量

图 2-2-2　猪场粪便贮存池

将其设在下风口，并且尽量远离风景区以及住宅区。同时注意不能将贮粪设施建在坡度较低、经常发生水灾的地方，以免在雨量较大或洪水暴发时，池内粪水溢出而污染环境。此外，还要结合当地的实际情况，充分考虑周围其他因素的影响。比如，为保证贮存设施的整体稳定性，避免大树的树根破坏池底。

　　为防止粪便贮存池内粪水渗过池壁和池底而对周围的土壤和地下水造成污染，在施工前应对拟建场地进行必要的地质勘查，通过勘查场地的工程地质条件，分析该地土质、岩土类型等基础情况，以确定该场地是否适合建造贮存设施。为确定该场地能否满足当地有关的防渗要求，在施工前必须进行土壤渗水性检测。

　　2．粪便贮存设施的设计

（1）容积。粪便贮存设施容积计算公式：

$$V=MW \cdot D/MD+BF+WW \cdot D \tag{1}$$

式中：

　V ——贮存设施容积，立方米；

MW——畜禽场每天产生的粪尿量，千克/天；

　D ——贮存天数，天；

MD ——粪尿密度，千克/立方米；

WW——日产各种废水总量，立方米；

BF ——垫料体积，立方米，其大小通过公式（2）计算：

$$BF=VR（N \cdot B \cdot D/BD） \tag{2}$$

VR ——比例系数，一般取 0.3~0.5；

　N ——动物头数；

　B ——每头动物每天所用的垫料量，千克/天；

BD ——垫料堆积密度，千克/立方米。

日产粪尿量是指在贮存期内畜禽养殖场每天所产生的粪尿总量，表 2-1 列出了每 1 000 千克活体重动物的日产粪尿量，根据畜禽养殖场的种类及规模计算出该场活体动物的总重，进一步可以计算出该场日产粪尿总量。

表 2-1　每 1 000 千克活体重动物的日产粪尿量及粪便特性

参数	动物种类										
	猪	奶牛	蛋鸡	肉鸡	肉牛	小肉牛	绵羊	山羊	马	火鸡	鸭
鲜粪（/ 千克）	84	86	64	85	58	62	40	41	51	47	110
尿（/ 千克）	39	26	—	—	18	—	15	15	10	—	—
密度（/ 千克·立方米$^{-1}$）	990	990	970	1 000	1 000	1 000	1 000	1 000	1 000	1 000	—
VS（/ 千克）	8.5	10	12	17	7.2	2.3	9.2	—	10	9.1	19

注：—表示未测

贮存天数由当地气候、集中收集的能力等因素决定。为避免粪便集中处理后还田对环境造成不良影响，应选择合适的施肥时间与季节，确定合适的粪便贮存期。我国地域宽广，各地气候条件、经济状况、集中收集能力、农田作物特点也不一样，各地可以根据当地实际条件，选择合适的贮存时间。

有的畜禽养殖场使用垫料铺垫畜禽舍，这样在设计粪便贮存容积时应当把这些垫料的体积考虑进去。垫料的体积大小与垫料的种类、湿度、吸水率等特性有关〔见公式（2）〕。畜禽养殖场废水主要包括冲洗粪便用水、各种喷淋洒落水以及冲洗房舍和设备用水等，日产废水量与畜禽养殖场种类、规模以及清粪方式和工艺等有关。另外，不同季节的废水产生量也不一样，夏季温度高，各种淋浴、喷淋等降温措施用水量大，这段时期废水量就远大于冬季废水量。因此，应根据实际情况确定贮存期内的日产废水量。

采用干粪贮存池贮存粪便时，一般需要建造一个集水池来贮存粪水，也可以将贮粪池底部做成 0.5% 的坡度，以方便将粪水排入集水池内保存或者直接将粪水集中收集后送处理中心。以这种贮存方式贮存粪便，可以有效减小粪便贮存设施的体积，而且既适用于地下的贮粪池也适用于地面以上的贮存罐，还可在贮粪池上方加盖以控制臭气，粪便中养分的保留率也比较高，因而应用较为广泛。

厌氧氧化塘一般作为粪水的贮存和处理设施。在设计厌氧氧化塘容积时，还要综合考虑有机物分解需要的处理体积，以保证达到处理效果。

其计算公式如下：

$$TV=LAW \cdot VS / TDVSL \qquad （3）$$

式中：

TV——处理体积，立方米；

LAW——畜禽养殖场总动物活体重（取贮存期内的平均值），千克；

VS——每 1000 千克活体重动物每天产生的挥发性固体总量，千克 /（1 000 千克·天）；

$TDVSL$——每 1 000 立方米厌氧氧化塘每天的 VS 负荷值，千克 /（1 000 立方米·天），其大小与当地气候以及温度等因素有关。

（2）高度。确定粪便贮存设施的容积后，增加其高度可以有效减少占地面积以及贮粪设施的臭味污染，对于厌氧氧化塘来说还可以减少塘内养分的损失，增强塘内的厌氧环境，从而提高处理效果。但是如果池子太深，会给粪便收集以及贮存设施清理带来一定的难度。因此，不管是固态粪便贮存池还是厌氧氧化塘，池高一般不超过 6 米。

地下贮粪池合理高度为 1.8~3.6 米，其中包括 0.6 米的预留高度。考虑到贮存期内降雨等因素的影响，要求贮粪设施上部留有一定的预留空间，以满足 25 年 24 小时的最大降水量，无盖的厌氧氧化塘除了要预留 25 年 24 小时最大降雨量的空间之外，还需要再增加 0.3 米的预留高度，以确保安全。贮粪池底部一般都设有防渗功能的建筑材料，为保证这部分材料的稳定性，土贮粪池要求预留 0.6 米高度的空间，混凝土贮粪池则要求预留 0.2 米高度的空间。另外，地下贮粪设施一般要求池底高于地下水位 0.6 米以上，一般的土贮粪池边坡坡度（高∶宽）不宜大于 1∶3，在确定贮粪池高度时，应考虑到这一点。

3. 粪便贮存设施的防渗

粪便贮存设施要求池底和池壁有较高的抗腐蚀和防渗性能，尤其是地下的贮粪池，不管是土制还是混凝土制，都要采取池底的防渗防漏措施。一般做法是将池子底部的原土挖出一定深度，然后用黏土或混凝土等一些具有较高防渗性能的建筑材料填充后压实，若地区对于防渗要求极高或附近有饮用水源的，可以再铺设一层防水膜。施工完成后，要根据相关的规定进行池底和池壁的渗水性测试，以保证水的渗透性满足要求，如不能满足，则需要重新处理。有些粪便贮存设施容积较大，在清理底层淤泥等物质的时候可能工作量比较大，而需要采用一些设备来完成，这就要在池底设置保护材料，防止由于振动等因素而对池底造成磨损和破坏。

（二）粪水贮存设施

1. 选址要求

（1）根据畜禽养殖场区面积、规模以及远期规划选择建造地点，并做好以后扩建的计划。

（2）满足畜禽养殖场总体布局及工艺要求，布局紧凑，方便施工和维护。

（3）设在场区主导风向的下风向或侧风向。

（4）与畜禽养殖场生产区相隔离，满足防疫要求。

2. 技术参数要求

（1）容积。畜禽养殖粪水贮存设施容积 V（立方米）按式（4）计算：

$$V=L_w+R_0+P \tag{4}$$

式中：

L_w——养殖粪水体积，立方米；

R_0——降雨体积，立方米；

P——预留体积，立方米；

养殖粪水体积、降雨体积、预留体积的计算分别为：

① 养殖粪水体积（L_w）。养殖粪水体积 L_w（立方米）按式（5）计算：

$$L_w=N \cdot Q \cdot D \qquad (5)$$

式中：

N——动物的数量，猪和牛的单位为百头，鸡的单位为千只；

Q——畜禽养殖业每天最高允许排水量，猪场和牛场的单位为立方米每百头每天［立方米/（百头·天）］，鸡场的单位为立方米每千只每天［立方米/（千只·天）］，其值见表2-2、表2-3；

D——粪水贮存时间，单位为天（天），其值依据后续粪水处理工艺的要求确定。

表2-2 集约化畜禽养殖业水冲工艺最高允许排水量

种类	猪［立方米/（百头·天）］		牛［立方米/（百头·天）］		鸡［立方米/（千只·天）］	
季节	冬季	夏季	冬季	夏季	冬季	夏季
标准值	2.5	3.5	20	30	0.8	1.2

注1：废水最高允许排放量的单位中，百头、千只均指存栏数；

注2：春、秋季废水最高允许排放量按冬、夏两季的平均值计算

表2-3 集约化畜禽养殖业干清粪工艺最高允许排水量

种类	猪［立方米/（百头·天）］		牛［立方米/（百头·天）］		鸡［立方米/（千只·天）］	
季节	冬季	夏季	冬季	夏季	冬季	夏季
标准值	1.2	1.8	17	20	0.5	1.7

注1：废水最高允许排放量的单位中，百头、千只均指存栏数；

注2：春、秋季废水最高允许排放量按冬、夏两季的平均值计算

② 降雨体积（R_0）。按25年来该设施每天能够收集的最大雨水量（立方米/天）与平均降雨持续时间（天）进行计算。

③ 预留体积（P）。宜预留0.9米高的空间，预留体积按照设施的实际长和宽以及预留高度进行计算。

（2）类型和形式。

①粪水贮存设施有地下式和地上式两种。土质条件好、地下水位低的场地宜建造地下式贮存设施；地下水位较高的场地宜建造地上式贮存设施。

②根据场地大小、位置和土质条件，可选择方形、长方形、圆形等形式。

（3）地面和壁面。

① 一般规定。池体用料应就地取材，单池宜采用矩形池，长宽比不应小于3∶1~4∶1。池体的堤岸应采取防护措施。

② 堤坝设计。堤坝宜采用不易透水的材料建筑。土坝应用不易透水材料作心墙或斜墙。土坝的顶宽不宜小于2米，石堤和混凝土堤顶宽不应小于0.8米，当堤顶允许机动车行驶时其宽度不应小于3.5米。土堤迎水坡应铺砌防浪材料，宜采用石料或混凝土，在设计水位变动范围内的最小铺砌高度不应小于1.0米。土坝、堆石坝、干砌石坝的安全超高应根据浪高计算确定，不宜小于0.5米。坝体结构应按相应的永久性水工构筑物标准设计，坝的外坡设计应按土质及工程规模确定，土坝外坡坡度宜为4:1~2:1，内坡坡度宜为3:1~2:1，池堤的内侧应在适当位置（如进出水口处）设置阶梯平台。

③ 池底设计。池底应平整并略具坡度倾向出口，当池底原土渗透系数K值大于0.2米/天时，应采取防渗措施。底面高于地下水位0.6米以上，高度或深度不超过6米。

3. 其他相关要求

地下粪水贮存设施（图2-2-3）周围应设置导流渠，防止径流、雨水进入贮存设施内。进水管道直径最小为300毫米。进、出水口设计应避免在设施内产生短流、沟流、返混和死区。地上粪水贮存设施应设有自动溢流管道，粪水贮存设施周围应设置明显的标志和围栏等防护设施，设施在使用过程中不应产生二次污染，其恶臭及污染物排放应符合相关规定。制订检查日程，至少每两周检查一次，防止意外泄漏和溢流发生。制订应急计划，包括事故性溢流应对措施，做好降水前后的排流工作。

图2-2-3 猪场粪水池

（三）堆粪场

固态和半固态粪便可直接运至堆粪场，液态和半液态粪便一般要先贮存在粪池中沉淀，进行固液分离后，固态部分送至堆粪场。堆粪场多建在地上，为倒梯形，地面用水泥、砖等修建而成，且具有防渗功能，墙面用水泥或其他防水材料修建，顶部为彩钢或其他材料的遮雨棚，防止雨水进入。地面向墙稍稍倾斜，墙角设有排水沟，半固态粪便的液体和雨水通过排水沟排入设在场外的粪水池。堆粪场适用于干清粪或固液分离处理后的干粪的贮存（图2-2-4）。一般建造在畜禽养殖场的下风向，远离畜禽舍；堆粪场的大小根据畜禽养殖场规模和粪便的贮存时间而定，设计和建造足够容量的堆粪场，便于集中收集粪便到处理中心。

图 2-2-4 鸡场堆粪场

二、集中处理中心

集中处理中心最常见的为沼气工程中心和有机肥加工中心。沼气工程中心主要集中收集畜禽养殖场的粪尿混合态、粪水及干粪等，通过在沼气工程中心处理后，生产沼气或发电，沼液和沼渣还田。有机肥加工中心主要集中收集畜禽养殖场的干粪或半干粪便，经处理后加工成有机肥，有机肥加工中心对鸡场的鸡粪处理比较适合，对猪场和奶牛场只能处理干粪或半干粪便，不能处理粪水。沼气工程中心需要配备较多的粪便处理池，粪便的贮存方式主要以各种处理池及沼液沼渣贮存设施，同时，也可以在用户的田间建造贮存池，将沼气工程中心产生的沼渣或沼液运到田间的贮存池贮存，使沼气工程中心与用户田间贮存相结合，既节约了沼气工程中心的用地，又方便了用户在田间的使用。有机肥加工中心更多的采用堆粪棚的形式贮存粪便。

集中处理中心的处理方式和规模应与周围养殖场（户）饲养的畜禽品种和规模相配套，各种畜禽产生粪便的数量见表2-4、表2-5和表2-6，可作为集中处理中心粪便贮存池和粪水贮存池建设的参考依据。

表2-4 猪场粪便产生数量

	排粪量 （千克）	排尿量 （升）	猪群结构 （%）	100头存栏合计	
				排粪量（千克）	尿量（升）
种猪	1.7	4.8	12	21	58
保育猪	0.7	1.5	35	24	53
育肥猪	1.5	2.8	53	80	149

注：计算参数：粪水10升/头/天（5~15升）；干粪1.3~2千克/头/天

表2-5　奶牛场粪便产生数量

	排粪量（千克）	排尿量（升）	牛群结构（%）	100头存栏合计	
				排粪量（千克）	尿量（升）
后备牛	15~18	7~10	40	600~720	280~400
泌乳牛	30~35	15~20	50	1 500~1 750	750~1 000
干乳牛	30	15	10	300	150

注：计算参数：粪水30升/（头·天）；干粪30千克/（头·天）

表2-6　鸡场粪便产生数量

	排粪量（千克）	5 000只存栏合计
		排粪量（千克/天）
蛋鸡	0.12~0.13/（只·天）	600~650
肉鸡	4.5/出栏只 0.2/（只·天）（出栏前）	1 000

（一）沼气工程中心沼渣、沼液贮存方式

畜禽养殖场的粪便主要以干粪、半干粪便和粪水存在，要将畜禽养殖场的粪便收集到沼气工程中心，首先在畜禽养殖场要有粪便暂存池，然后通过干粪收集、贮存和运输系统包括小型运粪车、畜粪收集斗、摆臂式收集车等将粪便运输到沼气工程中心，中心根据沼气工艺可设立粪便原料池贮存从养殖场收集的粪便，原料池可分为干粪或半干粪便原料池和粪水池，液罐车将养殖场粪水暂存池中的液体密闭输送至中心的粪水池。

沼气池在生产沼气的同时，也会均衡地产生大量的厌氧发酵残留物——沼渣沼液，沼液中含有农作物生长所需的N、P、K等矿物元素，同时还含有各种生物活性物质及微量元素，如果能够合理利用，可以带来一定的经济价值，实现农村生态化和可持续发展；如果不能被及时、充分地利用，反而会给周边环境带来二次污染。因此，沼液的贮存和利用问题引起了人们的普遍关注。

沼液沼渣应在沼气工程中心建有贮存设施进行暂存，必须要有足够容积的贮存池来贮存暂时没有施用的沼液沼渣，不能向水体排放废水。一些欧美国家要求的粪肥或沼渣沼液贮存时间见表2-7。

沼液沼渣的贮存设施的设置（图2-2-5），应符合国家现行有关标准的要求。沼液沼渣的贮存设施与其他建（构）筑物的防火间距，应符合GB 50016—2014的规定。沼液沼渣的贮存设施，一是要设置气体收集装置，避免二次发酵产生沼气引发安全隐患和环境污染；二是要设置防渗检测装置，避免沼液沼渣泄漏引发安全隐患和环境污染；三是配备的避雷、抗震等设施应符合国家相关标准要求；四是要配备必要的安全防护器具、劳保用品和消防器材。

表 2-7　部分国家有关土地对厌氧消化残余物贮存时间的规定

国家	氮每公顷年最大负荷（千克）	需要的贮存时间（月）	强制的施用季节
奥地利	100	6	2 月 28 日至 10 月 25 日
丹麦	2003 年前：猪 140~170、牛 210~230； 2003 年后：牛 170、猪 140	9	2 月 1 日至收获
意大利	170~500	3~6	2 月 1 日至 12 月 1 日
瑞典	基于畜禽数量	6~10	2 月 1 日至 12 月 1 日
英国	250~500	4	
法国	150		
美国	第 1 年 450，以后 280	12	

图 2-2-5　沼液贮存池

（二）有机肥加工中心粪便贮存方式

　　有机肥加工中心主要对畜禽养殖场集中收集的干粪或半干粪便堆放在堆粪场中（图2-2-6），并采用堆肥等方法进行有机肥生产。根据每天收集粪便的数量和堆肥加工的流程及时间设计堆粪场的大小。为便于操作，一般不采用地下贮粪池。

图 2-2-6　有机肥厂堆粪棚

　　有机肥经堆肥、造粒等工艺加工好后，主要采取袋装的形式贮存和销售。目前，用于畜禽粪便堆肥的造粒设备有圆盘造粒机、对辊挤压造粒机、转鼓造粒机和平膜造粒机等，制成有机肥颗粒有利贮存、运输和使用（图 2-2-7）。

图 2-2-7　包装的颗粒有机肥

第三节 固液分离

一、目的和作用

固液分离是指通过沉降、过滤等方法将固液混合物中的固液两相完全分离（图 2-3-1）。

固液分离是重要的单元操作，是非均相分离的重要组成部分，在化工、制药、冶金、能源、环保等行业应用非常广泛，在畜禽养殖粪便处理方面也发挥着不可或缺的作用。

好氧堆肥和厌氧发酵是目前畜禽粪便处理最为普遍的方法，规模养殖场畜禽粪便产生量大，直接处理费用较高。同时，由于粪便中固体悬浮物及难分解的固体物质含量相对于厌氧发酵工艺来说较高，相对于好氧堆肥又太低，直接处理难度较大。畜禽粪便先经过固液分离工艺处理，能将大部分固体悬浮物和难分解的固体物质提前分离出来，以降低液体部分中的 BOD、COD 以及难分解的固体物质含量，减轻后续好氧堆肥或厌氧发酵等工艺处理的难度。

图 2-3-1 固液分离作用示意

从经济性和适用性考虑，固液分离主要适用于干物质量较低、含水量较高的混合物。粪便首先通过自然沉淀或简易的筛网过滤，去除大部分黏稠的干物质，然后将上清液或滤液通过固液分离机进一步分离。此外，固液分离在沼渣沼液大田循环利用项目中，也是一个重要的工段，尤其是对于后续沼液通过小口径管道输送、采用喷雾和滴灌等方式施用的情形，经固液分离后的沼液含固量很低，可大幅度减少管道和喷头的堵塞，提高沼肥的利用效率。

固液分离产生的粪渣具有以下特点。

好氧性质稳定，产生的甲烷和气味较少，可显著改善养殖场的周边环境。

含水率降低（含水率由 80% 以上降至 50%~70%，出渣量及含水量可调节），方便运输和贮存。

直接或添加少量辅料后进行发酵堆肥处理，可作为温室大棚、水果等农作物有机肥料，或直接作为发酵床垫料使用。

固液分离产生的粪水具有以下特点。

由于含固量降低，在后续工艺的集粪池中无需使用搅拌机，节省动力，若采用管道输送，可降低堵塞的概率并减少动力消耗，方便远距离输送。

悬浮固体量减少，降低了高效过滤器被堵塞的风险。

COD 可下降 40% 左右，减轻了厌氧处理的负荷，从而减小了厌氧处理装置的容积和占地面积，节省了造价。

二、设备种类

从分离原理上，固液分离设备可分为两大类：一是沉降分离，二是过滤分离。沉降分离是依靠外力的作用，利用分散物质（固相）与分散介质（液相）的密度差异，使之发生相对运动，而实现固液分离的过程。过滤分离是以某种多孔性物质作为介质，在外力的作用下，悬浮液中的流体通过介质孔道，而固体颗粒被截留下来，从而实现固液分离的过程。在此基础上，根据推动力和操作特征可进一步细分为若干种固液分离设备，如表 2-8 所示。

表 2-8　固液分离设备主要类型一览

分离原理	推动力		操作特征	典型设备
沉降	重力		连续操作	连续沉降槽（鼓）、连续浓缩器、连续澄清器、流化床澄清器、斜板分级机、螺旋分级机、逆流分级机、泡沫浮选器
			间隙操作	间隙沉降槽（鼓）、沉降桶、澄清池
	离心力	转动壁	静止壁	液—固旋流器、液—液—固旋流器
			连续卸料	卧螺离心机、立螺离心机、碟式分离机、螺碟离心机、管式分离机、室式分离机、离心浓缩机
			间隙卸料	敞液管离心机、刮刀卸料沉降离心机
	电磁力			高梯度磁分离器、静电分离器、电渗析脱水机
过滤	重力		连续操作	带式过滤器、振动筛、格栅
			间隙操作	重力过滤器、砂层过滤器、袋式过滤器
	真空		连续操作	转鼓真空过滤机、圆盘真空过滤机、转台真空过滤机、翻盘真空过滤机、带式真空过滤机
			间隙操作	真空吸滤器、真空叶滤机、努契过滤器
	加压		连续操作	加压转鼓过滤机、加压圆盘过滤机、加压带式过滤机、旋叶压滤机、连续压滤机、螺旋压滤机、螺旋压榨机、
			间隙操作	板框压滤机、管式压滤机、加压叶滤机、圆盘加压过滤机、筒式过滤机、预涂层过滤机
	离心力		连续卸料	活塞离心机、离心力卸料离心机、振动离心机、进动离心机、螺旋过滤离心机、导向通道式过滤离心机
			间隙卸料	三足式离心机、刮刀离心机、上悬式离心机

规模养殖场常用的畜禽粪便固液分离设备可分为筛分、离心沉降和压滤 3 种类型。对不同类型固液分离机的分离效率进行试验，其分离性能差距很大，粪水的 TS（总固体物质）去除率在 3%~67%。

（一）筛分

筛分分离是根据粪水中固体物颗粒尺寸的不同进行固液分离的一种方法。筛分式分离设备的分离性能取决于筛孔尺寸以及粪水的输送流量和粪水的物理特性（固体含量与固体颗粒的分布等）。

固体物的去除率取决于筛孔大小，筛孔大则去除率低，但不易堵塞，清洗次数少；反之，筛孔小则去除率高，但易堵塞，清洗次数多。

有研究表明，当粪水的固体含量低于5％时，筛分效果明显，大输送量和大浓度往往堵塞筛孔，致使水分留在固体物内，分离效率降低。

禽畜粪便的粒度分布对于确定筛网孔径和计算去除率是极为重要的参数。粒度分布与动物种类、饲料及粪便的新鲜程度等因素有关。表2-9为有关研究得出的一组测定结果。

表2-9　猪、牛粪便的粒径分布（％）

粒径分布	<0.15毫米	0.15~0.50毫米	0.50~1.00毫米	>1.00毫米
育肥猪粪	57.99±0.0165a	14.16±0.0158b	15.91±0.0232b	11.93±0.0238b
仔猪粪	68.3±0.016a	15.53±0.022b	9.81±0.0007bc	6.31±0.0053c
泌乳牛粪	52.85±0.0077a	19.36±0.008b	15.11±0.0201c	12.68±0.0204c
育成牛粪	59.45±0.0205a	19.9±0.0282b	12.57±0.0009c	8.08±0.0068c

注：数据为平均值 ± 标准差，同行不同英文小写字母表示样品间差异显著（$P < 0.05$）

数据来源：江苏省农业科学院农业资源与环境研究所（2009）

筛分机有很多类型，最常用的是斜板筛和振动筛。

1. 斜板筛

斜板筛主要由筛板、支架、档板等组成，其外观和构造分别如图2-3-2、图2-3-3所示。因为其主要特点是筛板固定不动，因此，斜板筛也被称作固定筛。

图2-3-2　斜板筛外观

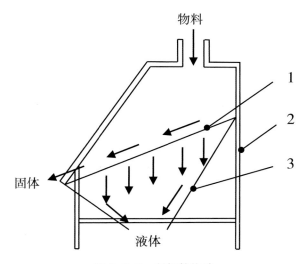

图 2-3-3　斜板筛构造
1.筛板；2.支架；3.挡板

工作时，物料从上方进入，依靠物料自身的重力以重力加速度落下击中筛板，通过选用不同大小和数量筛孔的筛板，使需要分离的固体不能透过筛板而沿斜面滑下排出，液体则透过筛板沿挡板排出。

斜板筛结构简单，成本低，运行费用低，易于安装和维护。但斜板筛固体物去除率低，分离后的固体含水量较高，不便于运输和深加工。由于筛板是以一定角度固定不变的，使用一段时间后，筛孔易堵塞，需要经常清洗，否则分离性能就会下降，对于放置30天以上的粪便几乎很难分离。斜板筛适用于处理场地小、投资少、新鲜粪便含水率高、处理量大、处理要求低的养殖场。

2.振动筛

振动筛主要由驱动电机、上偏心块、下偏心块、筛框、筛网、机座及支承装置等组成，其外观和构造分别如图 2-3-4、图 2-3-5 所示。

工作时，振动筛由驱动电机产生激振力，通过调节上下偏心块的夹角来改变筛网上物料的运动轨迹，通过选择筛网的筛孔大小和数量来改变分离效果。固液分离时，固体不能通过筛网，从上层排出，液体通过筛网从下层排出。由于畜禽粪便含固量低，含水量高，短时间内的分离难度大，故应尽可能延长其在筛面上的振动时间。实验证明，当上下偏心块夹角相差为 90° 时，物料在筛面上的运动轨迹为逐渐从中心旋涡向外振动的最长路线。

振动筛结构相对简单，适用面广。筛板高速振动加快了污物与筛面之间的相对运动，可减少筛孔的堵塞。实验表明，当筛孔直径为 0.75~1.5 毫米时，固体物的去除率为 6%~27%。但是对于 TS 含量大于 10% 的粪水，振动筛的分离性能下降。振动筛的缺点是工作噪音大，振动零部件易损坏。振动筛适用于处理场地小、投资较少、粪便处理量较大、处理要求较低的养殖场。

图 2-3-4 振动筛外观

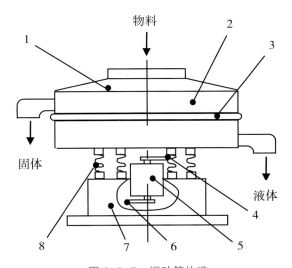

图 2-3-5 振动筛构造
1. 防尘盖；2. 筛框；3. 筛网网架；4. 上偏心块；
5. 振动电机；6. 下偏心块；7. 机座；8. 弹簧

（二）离心沉降

沉降分离是利用固体悬浮物比重大于水的性质，将固体物从水中去除的方法。实际的沉降过程比较复杂，它与颗粒密度、粒度分布、浓度、溶液特性以及处理工艺等因素有关，关于猪粪、奶牛粪、肉牛粪和鸡粪的重力沉降规律的研究结果表明，各种禽畜粪便的沉降特性极其相似，沉降曲线高度相似，猪粪的沉降曲线如图 2-3-6 所示。

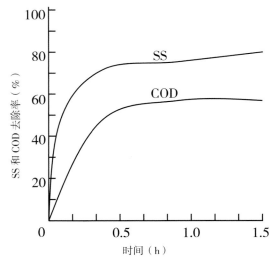

图 2-3-6　猪粪的沉降曲线

根据斯托克斯沉降定律见式（6），颗粒的最终沉降速度与重力加速度成正比，因此离心加速度的提高可加快颗粒的沉降速度。

$$V_s = \sqrt{\frac{4g(\rho_s - \rho)d}{3C_d\rho}} \tag{6}$$

式中：

Vs——颗粒最终沉降速度，米/秒；

g——重力加速度，米/平方秒；

ρ——液体比重，牛/立方米；

ρ_s——固体物比重，牛/立方米；

d——固体物当量直径，米；

C_d——阻力系数。

离心机通常由电动机驱动，带动转鼓高速旋转产生强大离心力，加快物料颗粒的沉降速度，使悬浮液中的固体和液体分开。应用离心分离机进行粪便污水分离，TS 去除率可以达到 34%。研究表明，当粪水的 TS 为 8% 时，离心机的固体去除率可达到 61%。

离心机按不同方法可分为不同的类别，卧式螺旋离心机是典型的离心沉降设备，20世纪 70 年代初开始用于分离猪粪。卧式螺旋离心机主要由电动机、带轮、差速器、转鼓、螺旋推料器、溢流板等组成，其外观和构造分别如图 2-3-7、图 2-3-8 所示。

工作时，畜禽粪便由进料口进入高速旋转的转鼓内，利用畜禽粪便密度不同的成分在离心力场中沉降分层速度不同的原理实现固液分离，并且在挤压绞龙的作用下将固体挤压推向转鼓小端的排出口，随着压力逐渐增大，进一步脱水。液体则绕转鼓内壁环流，通过调节溢流板来控制转鼓内环形液层的深度。

图 2-3-7　卧式螺旋离心机外观

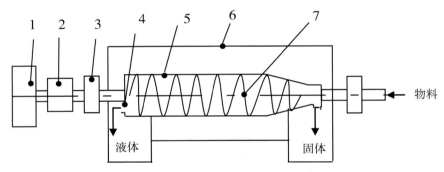

图 2-3-8　卧式螺旋离心机示意
1. 带轮；2. 差速器；3. 轴承座；4. 溢流板；5. 转鼓；6. 罩壳；7. 挤压绞龙

卧式螺旋离心机的分离速度快，分离效率要高于筛分，分离后的固体物含水率相对较低，出渣量及含水量易于调节。主要缺点是设备昂贵，能耗大，清洗内部零件不方便，维修困难。离心机适用于处理场地大、投资额较大、粪便处理量较小、处理效果要求较高的养殖场。

（三）压滤

相对于筛分和离心式分离，压滤可以去除更多的水分。依据不同的工作原理，压滤分离机可分为带式压滤、板框压滤和螺旋挤压。

1. 带式压滤机

带式压滤技术作为对于传统固液分离技术的一种革命，最早是由西德人于 1964 年研制成功的。带式压滤机主要由驱动装置、机架、压榨辊、上滤带、下滤带、滤带张紧装置、滤带清洗装置、卸料装置、气控系统、电气控制系统等组成，其外观和构造分别如图2-3-9、图 2-3-10 所示。

图 2-3-9　带式压滤机外观

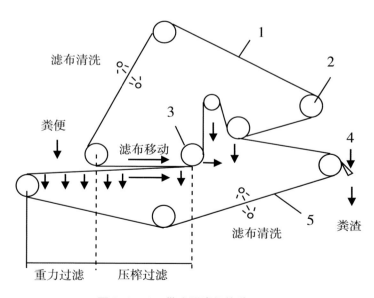

图 2-3-10　带式压滤机构造
1.上滤带；2.驱动轮；3.压榨辊；4.刮泥板；5.下滤带

工作时，畜禽粪便被输送到浓缩重力脱水的滤带上，在重力的作用下自由水被分离，形成不流动状态的粪便，然后夹持在上下两条网带之间，经过楔形预压区、低压区和高压区由小到大的挤压力、剪切力作用下，逐步挤压污泥，以达到最大程度的固液分离，最后形成滤饼排出。

20世纪70年代初，美国已开始使用带式压滤机分离畜禽粪便。带式压滤机是世界上发展较快的固液分离设备，具有结构简单、操作方便、能耗低、噪音小和可连续作业等特点，得到的干粪含水率低，在常规条件下运行，带式压滤机分离后的干粪含水率在14%~18%。滤带再生效果的好坏将影响到干粪剥离和分离效率，传统的方法是用高压水喷洗滤带，其最大缺点是用水量大，增加了水处理系统的负荷。带式压滤机的缺点是设备费用高。带式压滤机适用于处理场地大、投资额较大、粪便处理效果要求高、设备需连续作业的养殖场。

2. 板框压滤机

板框压滤机是由许多滤板和滤框间隔排列组成滤室，并以手动螺旋、电动螺旋或液压等方式提供的压力为过滤推动力的间歇操作固液分离机，其外观和构造分别如图2-3-11、图2-3-12所示。

板框压滤机利用滤板、滤框和滤布，通过挤压畜禽粪便实现固液分离。液体穿过滤布排出，固体无法穿过滤布从另一出口排出。

板框压滤机是比较早期的过滤机，与其他固液分离机相比，其优点主要是更换滤布方便，但也存在体积重量大、效率低、活动部件多、不稳定、操作环境差等缺点。板框压滤机适用于处理场地宽敞、投资额较大、粪便处理效果要求高、设备不连续作业的养殖场。

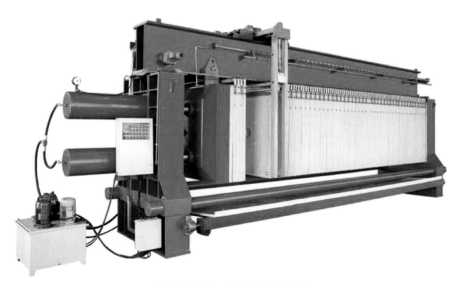

图2-3-11 板框压滤机外观

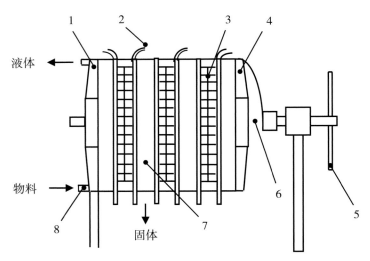

图 2-3-12　板框压滤机构造

1. 固定机头；2. 滤布；3. 滤框；4. 滑动机头；5. 手轮；6. 机架；7. 滤板；8. 机头连接机构

3. 螺旋挤压机

螺旋挤压机是将重力过滤、挤压过滤以及高压压榨融为一体的新型分离装置，主要由机体、卸料装置、配重块、转动电机及减速器等组成，其外观和构造分别如图 2-3-13、图 2-3-14 所示。畜禽粪便的种类及处理量决定了传输螺杆的直径和驱动马达的功率。

工作时，通过挤压使粪便中的液体部分通过筛网流出，而停留在筛网上的固体被螺旋挤压输送到卸料端。

螺旋挤压机整个运行过程是密封的，螺旋轴是在低转速下工作的（一般在 0.1~0.5 转 / 分

图 2-3-13　螺旋挤压机外观

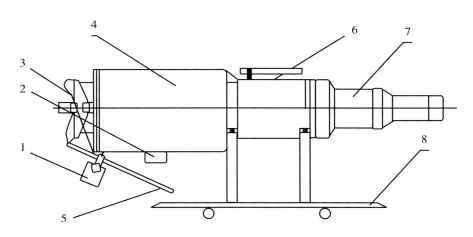

图 2-3-14　螺旋挤压机构造

1. 配重块；2. 出水口；3. 卸料装置；4. 机体；5. 杆末端；6. 进料口；7. 转动电机及减速器；8. 支架

钟），降低了噪声干扰，减少了臭气的排出。它与带式过滤机相比，结构简单、操作方便、运行费用低、耗能低，同时不采用滤布，因此，维修管理费用降低，更为经济。目前许多先进的国家都在研究该类设备，据国外研究，这种分离机分离出的固体物的含水率可达60%左右，不会出现堵塞，而且寿命长。但是，现有的螺旋挤压机存在固体回收率低的问题，有研究表明，粪便中的固体回收率低于30%，且分离后粪便中大部分氮、磷仍留在粪水中，后续处理难度较大。螺旋挤压机适用于处理场地较小、投资额较小、粪便处理量较大、处理效果要求高、设备需连续作业的养殖场，分离后的粪水需进一步处理或直接还田。

国外从20世纪70年代开始就已经有主要采用机械物理分离的固液分离设备，国内对畜禽粪便固液分离设备的研究起步较晚，到80年代才从国外引进了几种分离设备，如斜板筛、转筒筛、带式压滤机和螺旋挤压机等。目前，国内畜禽养殖场畜禽粪便处理大部分使用斜板筛，处理能力较低，分离后固体物含水率较高。与国外相比，国内的固液分离设备在提高处理能力和分离效率、降低分离后粪渣含水率等方面有待进一步改进。

第四节　处理技术

一、粪便处理

（一）畜禽粪便堆肥的原理与过程

1. 堆肥的基本原理

堆肥一般分为好氧堆肥和厌氧堆肥，目前应用最为普遍的基本上都是好氧堆肥。好氧堆肥也称高温堆肥，是指在有氧的条件下，好氧微生物将畜禽废弃物中的有机物降解并转化为稳定腐殖质的过程，堆肥温度一般达55~60℃，最高温度可达70℃以上，能够有效杀灭病原微生物、杂草种子等，从而达到畜禽废弃物无害化、稳定化。

好氧堆肥的基本原理为：堆肥原料中的可溶性有机物透过微生物的细胞壁和细胞膜被微生物直接吸收；不溶的胶体和固体有机物先被吸附在微生物体外，然后依靠微生物所分泌的胞外酶分解为可溶性物质，再渗入细胞。微生物通过自身的生命代谢活动，把一部分有机物氧化成简单的无机物，释放出能量，并把另一部分有机物转化为微生物所必须的营养物质，为微生物各种生理活动提供能量，使微生物得到正常的生长和繁殖，产生更多的微生物。

好氧堆肥反应的基本过程如图2-4-1所示。

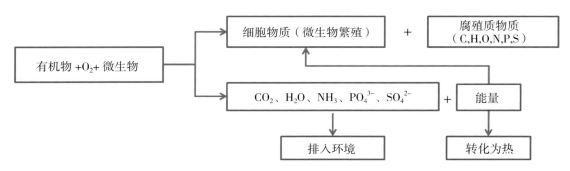

图 2-4-1　好氧堆肥基本反应过程

2. 堆肥的工艺流程

堆肥的基本过程包括：前处理（也称预处理）、一次发酵（也称高温发酵）、二次发酵（也称后熟或腐熟发酵）以及后续加工（粉碎、过筛、包装和贮存等）等（图2-4-2）。

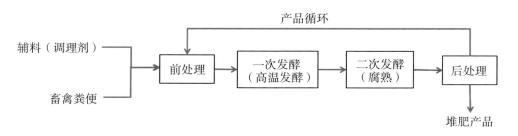

图 2-4-2　堆肥一般工艺流程

（1）前处理。畜禽粪便堆肥前一般需要预处理，使堆肥原料C/N、含水率、容重等满足一定的要求，保证堆肥的顺利进行。

（2）一次发酵。即通过翻堆或强制通风，向堆体内供氧，在微生物的作用下分解与降解的过程。一次发酵阶段中微生物活动强烈，有机物主要在此阶段被降解，需氧量大，堆体温度较高，臭气产生量大。一次发酵时间至少保持 10 天以上，一般牛粪为 4~5 周，猪粪为 3~4 周，鸡粪为 2~3 周。

（3）二次发酵。二次发酵主要是物料中难降解的有机物继续降解为腐殖质的过程，此阶段需氧量较少，堆体温度相对较低，臭气产生较少。

二次堆肥工艺相对简单，发酵条件也不如一次发酵严格，一般要求防雨，定期（2周左右）翻堆一次即可。二次发酵时间的长短一般由堆料的特性决定，当堆体温度下降至 40℃ 以下，二次发酵基本结束。一般单纯的畜禽粪便腐熟时间为 1 个月，添加秸秆类辅料的堆肥二次发酵通常需要 2~3 个月，添加锯末类辅料的堆肥二次发酵则需要 6 个月。

（4）后处理。经腐熟的物料一般可以直接农田利用，也可以根据市场需求等选择后处理工艺，比如粉碎、筛分、包装和贮存等。后处理是否需要一般根据期望的产品类型决定。

（二）畜禽粪便堆肥影响条件

1. 碳氮比（C/N）

堆肥过程中，碳源为微生物提供能源，氮为微生物提供营养物质，是构成细胞中蛋白质、核酸等物质的成分。一般认为微生物分解有机物较适宜的 C/N 为 25 左右。C/N 过高，微生物所需氮素不足，微生物繁殖速度低，有机物分解速度慢，发酵时间长，同时有机原料损失大。C/N 过低，微生物所需碳素不足，发酵温度上升缓慢，过量氮以氨气形式损失，氮损失严重。畜禽粪便 C/N 为 5~26（表 2-10），一般会添加一些秸秆等辅料进行调节，调整含水率的同时也对 C/N 进行适当调节。

表 2-10 畜禽粪便以及常见辅料 C/N

原料名	C/N	原料名	C/N
猪粪	7~15	玉米秸	40~60
牛粪	8~26	玉米芯	76 左右
鸡粪	5~10	稻壳	70~100
鸭粪	13.4	干稻草	60~100
羊粪	12.3	木屑	200~1 700
干麦秸	87 左右	树皮	100~350
麦秸	128	树叶	108 以上

2. 水分

水分是保证堆肥正常进行的重要因素。研究表明，含水率为 50% 是保证微生物有较高活性的下限含水率。含水率为 60%~70% 时，堆肥中微生物的活性最高。但较高的含水

量会导致堆体空隙率下降，使堆体的通气性下降，从而影响微生物的活动，进而影响堆肥进行。

一般认为含水率为50%~65%是较为适宜的含水率范围。利用锯末或稻糠作为辅料进行水分调节时，猪粪为主料的含水率为62%、牛粪为72%时较为适宜；利用玉米秸秆作为辅料调节猪粪水分时，含水率65%较为适宜；利用花生壳作为辅料调节猪粪水分时，含水率60%较为适宜。如果利用风干或者干燥等方式对畜禽粪便进行预处理，则猪粪含水率55%、鸡粪含水率52%、牛粪含水率68%以下较适宜。

在实际堆肥操作过程中一般可以不太精确，通过挤压测试来测量堆肥物料的含水率，通常的做法是：用手攥物料，能感觉比较潮湿，同时有渗水的情形，但不至于出现大量水滴为宜。

3. 氧气浓度

堆体氧浓度是影响好氧高温进程的关键因素之一，氧浓度含量不足会降低堆体中微生物的活性，从而对堆肥温度、恶臭产生以及堆肥质量产生影响。由于堆体特性的差异，不同原料堆肥过程适宜氧浓度存在差别，根据日本堆肥手册，一般认为堆肥适宜的氧浓度为10%~18%，最低不应小于8%。

4. 温度

温度是反映堆肥发酵是否正常的直接指标。堆肥开始后，温度平稳上升是较为合理的，理想的堆体温度值是50~60℃，不宜超过70℃，高温维持时间5~10天，能满足畜禽粪便无害化的相关要求。

5. pH值

pH值在5~9都能满足堆肥的需求，畜禽粪便的pH值基本都能满足要求，一般不需要进行pH值调节。

6. 堆肥菌剂

一般认为，添加菌剂能够加快堆肥升温速度，提高堆肥温度，加速堆肥腐熟进程，减少氮素损失，提高养分含量等，但也有不同看法：由于畜禽粪便自身含有种群数量很大的微生物，其具备有机物分解的能力，因此，堆肥过程中没有必要刻意添加外源菌剂。根据试验结果，畜禽粪便自身微生物具有很好的分解有机物的能力，只要条件满足要求，不需要添加任何菌种，完全能够实现堆肥效果；添加菌剂确实能够有效提高堆肥初始温度或减少臭气等，但添加堆肥菌剂效果受温度、湿度、通风、供氧量等多种因素的影响。

（三）堆肥的工艺与模式

目前，堆肥系统主要分为3种工艺：自然堆积、通风静态堆肥和槽式堆肥。各堆肥工艺系统的主要特点、优缺点以及适用性见表2-11。

表 2-11　常见堆肥工艺系统主要特征

堆肥工艺	示意图	是否添加辅料	是否通风	投资成本	运行和维护费用	操作难度	占地面积	处理周期	适用养殖场规模
自然堆积		添加	否	低	低	易	大	长	小型
通风静态堆肥		添加	是	低	低	较易	中	中长	大中型
槽式堆肥		均可	是	较低	较低	易	中	中短	大中型

1. 自然堆积

自然堆积是传统的堆肥方式，其将畜禽粪便简单的堆积在一起，形成一定的高度，利用好氧微生物将有机物降解，同时利用堆肥高温进行无害化处理。整个堆肥过程一般不翻堆或者很少翻堆（图2-4-3）。该堆肥工艺的优点是几乎不需要设备，投资成本相对较低。但由于一次发酵周期长，而且和二次发酵在同一场地进行，因此占地面积很大。

图 2-4-3　自然堆积堆肥

2.通风静态堆肥

该堆肥工艺的特点是底部有通风系统，堆肥过程进行通风供氧，从而有效提高堆肥发酵效率，缩短发酵所需时间。如果外加翻堆可以提高堆肥的均匀性以及堆肥的品质。通风静态堆肥工艺流程及其系统实景如图 2-4-4、图 2-4-5 所示。

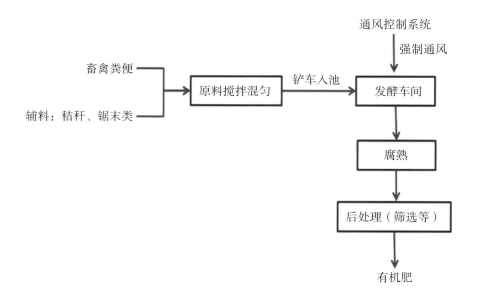

图 2-4-4　通风静态堆肥工艺流程

图 2-4-5　通风静态堆肥现场实景

3. 槽式堆肥

目前，国内应用较为广泛的槽式堆肥实际上是界于条垛堆肥与搅拌式槽式堆肥之间的一种堆肥类型，主要是由发酵槽、搅拌机和底部通气系统组成。其特点是原料经水分调节后形成堆肥混合物料，连续或定时的将混合物料放入发酵槽，堆肥发酵过程中，空气从槽的底部供应，堆料从一端输入，翻堆过程中物料沿槽向前移动一段距离，发酵结束后用出料机或者铲车将物料清出（图2-4-6）。

图 2-4-6　机械翻堆槽式堆肥

二、粪水处理

集中处理是解决中、小规模养殖场（户）废弃物环境污染问题的最佳方式。由于集中处理在我国还刚刚开始，在养殖污水集中处理中心选址时，应统筹考虑液体废弃物的农田利用，养殖污水通过沼气工程厌氧消化生产沼气，沼液能就近进行利用。在环境要求高的地区，也可考虑污水通过好氧、人工湿地等技术处理后达标排放。

（一）沼气工程厌氧消化

沼气工程技术是以开发利用养殖场畜禽粪便为对象，以获取能源和治理环境污染为目的，实现农业生态良性循环的农村能源工程技术，其关键技术是厌氧发酵消化工艺技术。

1. 厌氧消化的工艺参数

厌氧消化是在无氧情况下进行的生物化学反应，厌氧菌破坏有机物进而产生生物气。

针对不同现场的实际情况和工程目标，可采用不同的厌氧消化工艺。其主要工艺参数包括物料含固率、反应器级数、进料方式、搅拌方式、发酵温度等。

（1）发酵物料含固率。根据厌氧发酵物料含固率的不同，厌氧发酵过程可以分为湿式发酵和干式发酵两种类型。干物质含量低于 20% 的厌氧发酵为湿式发酵，干物质含量在 20%~40% 的为干式发酵。

（2）反应器级数。厌氧消化是在厌氧微生物作用下的复杂生物学过程。厌氧微生物是一个统称，包括不产甲烷微生物和产甲烷微生物。这些微生物通过其生命活动完成有机物的厌氧代谢过程，厌氧消化过程可分为水解、酸化和产甲烷 3 个阶段，每个阶段都由一定种类的微生物完成有机物的代谢过程。单相反应器是 3 个阶段反应都集中在一个反应器内进行，两相反应器是 3 个阶段反应分为两个不同的反应器，通过调节两个反应器中不同反应相的 pH 值（酸相 pH 值范围为 5.5~6.5，甲烷相 pH 值范围为 6.8~7.2），让反应器中相应的微生物达到最佳活性，从而提高产气率，缩短停留时间，优化操作环境。

单相反应器是一种简单式设计，历史比较长，成本较低，技术难度小，在以能源作物为主要发酵原料的厌氧消化工艺中多有应用。两相反应器由于设计优化，发酵物料在反应器中停留时间短，产气潜力高，但投资成本高，操作困难。在实际工程中，单相发酵系统因操作方式简单、投资少和故障率低，应用较为普遍。

（3）进料方式。厌氧消化工艺根据物料进料方式的不同，可分为批式进料和连续进料，从而消化方式可分为批式消化和连续消化两类。在批式消化反应器中，消化物料一次性加入反应器，物料在密封无氧环境下经过一段时间的厌氧发酵直到降解完全。在连续消化反应器中，消化物料通过机械进料装置，有规律的连续加入反应器。反应器类型有推流式、CSTR、UASB 等。

（4）搅拌方式。为了达到反应器内部消化物料的均质，以及满足物料和微生物的充分混合，反应器内部通常采用不同的搅拌方式。湿式厌氧发酵主要搅拌方式有机械、气体和水力搅拌 3 种，通过搅拌使微生物与消化物料充分接触。机械搅拌是通过搅拌轴的旋转带动浆叶搅拌，达到物料混合，根据搅拌轴倾斜角度的大小，机械搅拌可分为垂直、水平和倾斜 3 种；气体搅拌通过向反应器中有规律的输入生物气实现物料混合；水力搅拌通过泵把发酵液输入反应器，既实现沼液回流又达到了搅拌效果。

（5）发酵温度。厌氧消化反应器按照不同发酵温度可分为两类，中温发酵（38~42℃）和高温发酵（50~55℃）。在实际工程中，中温厌氧反应器占绝大多数，中温反应器发酵温度较低，反应过程比较稳定，降解相同水平的有机物，一般停留时间较长（15~30 天），反应器容积较大。高温厌氧反应器较中温反应器产气率高，停留时间短（12~14 天），反应器容积小，但维修成本高。这两类反应器在发酵物料完全降解的情况下，最终甲烷产量差别不大，但综合考虑热量消耗和运行成本，中温反应器应用前景更加广阔。

2. 厌氧消化的主要类型

沼气工程最关键的设计内容是针对所处理原料的特性和工程的处理目标选择合适的厌氧消化器。根据厌氧消化器内的水力滞留期（HRT）、固体污泥滞留期（SRT）和微生物滞留期（MRT）的长短，将厌氧消化器分为常规型、污泥滞留型和附着膜型。国内畜禽养殖污水厌氧生物处理的技术主要有全混合厌氧反应器（CSTR）、升流式固体反应器（USR）和升流式厌氧污泥床（UASB）等（图2-4-7）。

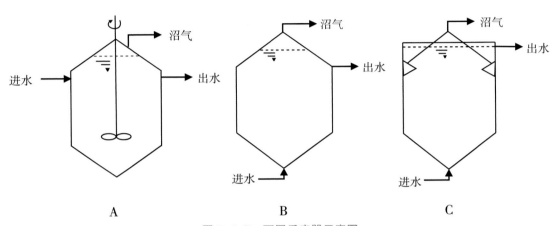

图 2-4-7　不同反应器示意图
A. 全混合厌氧反应器；B. 升流式固体反应器；C. 升流式厌氧污泥床反应器

（1）全混合厌氧反应器。使用 CSTR 时，先对畜禽粪便及其他有机物进行粉碎处理，调整进料 TS 浓度在 8%~13%，进入 CSTR。CSTR 反应器采用上进料、下出料方式，并带有机械搅拌，产气率视原料和温度不同在 1.2%~5.0%。沼渣沼液 COD 浓度和 TS 浓度含量高，一般不经固液分离即可直接用于农田施肥，是典型的能源生态型沼气工程工艺。采用 CSTR 工艺产生的沼气若进行热点联产（CHP），热能输出部分可满足大部分北方地区冬季的原料加热要求，不需外来能源加热。

全混合厌氧反应器（CSTR），其主要特征是发酵液中的液体、固体和微生物均匀混合在一起，出水的同时，固体和微生物一起被淘汰，即 HRT=SRT=MRT。

（2）升流式固体反应器。使用 USR 时，需对各类畜禽粪便有机物进行预处理，除去大颗粒和粗纤维物质（进料 TS 浓度 3%~5%）后，进入 USR 反应器。USR 反应器采用上流式污泥床原理，不使用机械搅拌，产气率视温度不同在 0.4%~1.2%。沼渣沼液 COD 浓度含量很高，不适宜好氧处理达标排放，一般用于农田施肥，是典型的能源生态型沼气工程工艺。采用 USR 工艺产生的沼气若进行热点联产（CHP），热能输出部分可满足 20℃左右温度条件下原料的升温要求，在我国北方地区的冬季，自身热量无法满足运行要求，需要使用锅炉或其他能量进行加热。

升流式固体反应器（USR）由多个均匀布水点与合理的出水溢流堰组成，形成比 HRT

较长的 SRT 和 MRT，有较高的负荷效率，使未消化的生物固体和微生物靠自然沉淀滞留在消化器底部。

（3）升流式厌氧污泥床反应器。使用 UASB 时，先对养殖场污水进行固液分离，污水进入由污泥反应区、气液固三相分离器（包括沉淀区）和气室三部分组成的 UASB 反应器进行厌氧反应，产生沼气，出水往往需要进一步好氧处理后达标排放。UASB 工艺由于沼气产量少，采用热电联产（CHP）无法满足自身原料升温要求。

升流式厌氧污泥床（UASB）反应器上部是由三相分离器和溢流堰共同组成的沉淀区，集污泥沉降和回流功能于一体。该消化器被广泛用于 SS ≤ 2 000 毫克 / 升的污水处理工程。

3. 厌氧消化反应器容积

厌氧消化反应器容积依据选定技术的水力停留时间式（7）或有机物容积负荷式（8），计算公式如下：

$$V_{厌氧} = Q \times HRT \tag{7}$$

式中：$V_{厌氧}$——厌氧反应器容积，立方米；

Q——日处理污水水量，立方米；

HRT——水力停留时间，天。

$$V_{厌氧} = \frac{QC_0}{S_V} \tag{8}$$

式中：$V_{厌氧}$——厌氧反应器容积，立方米；

Q——日处理污水水量，立方米；

C_0——原水总 COD 浓度，毫克 / 升；

S_V——有机物容积负荷，千克 COD/（立方米·天）。

4. 厌氧消化的运行参数

厌氧消化工艺的主要运行参数包括进水固形物含量、水力停留时间和容积负荷等，其中水力停留时间可参照表 2-12 进行选择。

表 2-12　厌氧消化工艺进水固形物含量和水力停留时间

反应器类型	UASB	USR	CSTR
固形物含量（%）	≤ 3	≤ 10	3~10
水力停留时间（天）	≥ 5	≥ 8	5~8

污水中有机物的容积负荷也是污水厌氧消化工艺的主要设计参数之一，可参照表 2-13 进行选择。

表 2-13　厌氧消化工艺进水容积负荷

污水 COD 浓度（毫克/升）	悬浮 COD 占比（%）	容积负荷 Sv，千克 COD/（立方米·天）	
		絮状污泥	颗粒污泥
大于 2 000	10~30	2~4	8~12
	30~60	2~4	8~14
2 000~6 000	10~30	3~5	12~18
	30~60	4~8	12~24
6 000~9 000	10~30	4~6	15~20
	30~60	5~7	15~24

（二）好氧处理

好氧处理是利用好氧微生物（包括兼性微生物）在有氧气存在的条件下，微生物利用废水中存在的有机污染物为底物进行好氧代谢，经过一系列的生化反应，逐级释放能量，最终以低能位的无机物稳定下来，达到无害化的要求，以便返回自然环境或进一步处理。好氧处理一般可分为活性污泥法和生物膜法两大类。

1. 活性污泥法

活性污泥法是指废水生物处理中微生物悬浮在水中的各种方法的统称，它能从污水中去除溶解性的和胶体状态的可生化有机物以及能被活性污泥吸附的悬浮固体和其他一些物质，同时也能去除一部分磷素和氮素。

活性污泥法基本流程是由曝气池、沉淀池、污泥回流和剩余污泥的排除系统所组成（图 2-4-8）。其中，曝气池是反应主体，沉淀池能够进行泥水分离，保证出水水质并保

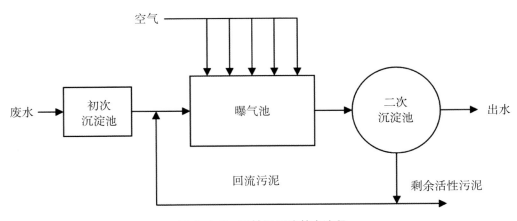

图 2-4-8　活性污泥法基本流程

证回流污泥，维持曝气池内的污泥浓度；回流系统用来维持曝气池的污泥浓度和改变回流比，改变曝气池的运行工况；剩余污泥排放系统是去除有机物的途径之一并且维持系统的稳定运行。活性污泥法主要影响因素包括：水力负荷、有机负荷、微生物浓度、曝气时间、污泥泥龄、氧传递速率、回流污泥浓度、污泥回流比、曝气池构造、pH 值、溶解氧浓度、污泥膨胀。近年来发展较成熟的基于活性污泥法的工艺包括：氧化沟工艺、AB 工艺、SBR 工艺、MBR 工艺等。

2. 生物膜法

生物膜法是利用附着生长于某些固体物表面的微生物（即生物膜）进行有机污水处理的方法。生物膜是由高度密集的好氧菌、厌氧菌、兼性菌、真菌、原生动物以及藻类等组成的生态系统，其附着的固体介质称为滤料或载体。生物膜自滤料向外可分为厌氧层、好氧层、附着水层、流动水层。生物膜法的原理是，生物膜首先吸附附着水层有机物，由好氧层的好氧菌将其分解，再进入厌氧层进行厌氧分解，流动水层则将老化的生物膜冲掉以生长新的生物膜，如此往复以达到净化污水的目的。

生物膜法主要设施是生物滤池、生物转盘、生物接触氧化池和生物流化床等。

（1）生物滤池。生物滤池也称为滴滤池，主要由一个用碎石铺成的滤床及沉淀池组成（如图 2-4-9 所示）。滤床高度在 1~6 米，一般为 2 米，石块直径在 3~10 厘米，从剖面上来看，下层为承托层，石块可稍大，以免上层脱落的生物膜累积而造成堵塞。石块大小的选择还要根据滤池单位体积的有机负荷来决定，若负荷高，则要选择较大的石块，否则由于营养物浓度高，微生物生长快而将空隙堵塞。

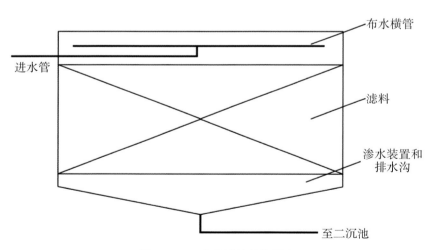

图 2-4-9　生物滤池结构示意

（2）生物转盘。生物转盘又称为浸没式滤池，它由许多平行排列浸没在一个水槽（氧化槽）中的塑料圆盘（盘片）组成。盘片的盘面近一半浸没在废水水面之下，盘片上长着生物膜。它的工作原理与生物滤池基本相同，盘片在与之垂直的水平轴带动下缓慢地转动，浸入废水中那部分盘片上的生物膜便吸附废水中的有机物，当转出水面时，生物膜又从大气中吸收所需的氧气，使吸附于膜上的有机物被微生物所分解，随着盘片的不断转动，最终使槽内废水得以净化。在处理过程中盘片上的生物膜不断地生长、增厚；过剩的生物膜靠盘片在废水中旋转时产生的剪切力剥落下来，这样就防止了相邻盘片之间空隙的堵塞，脱落下来的絮状生物膜悬浮在氧化槽中，并随出水流出，同活性污泥系统和生物滤池一样，脱落的膜靠设在后面的二沉池除去，并进一步处置，但不需回流（图2-4-10）。

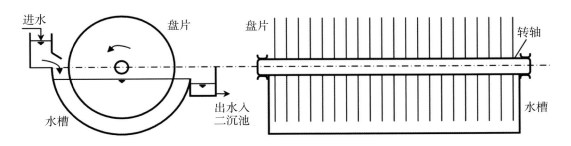

图2-4-10　生物转盘工艺示意

（3）生物接触氧化法。生物接触氧化法是一种介于活性污泥法与生物滤池之间的生物膜法工艺，其特点是在池内设置填料，池底曝气对污水进行充氧，并使池体内污水处于流动状态，以保证污水与污水中的填料充分接触，避免生物接触氧化池中存在污水与填料接触不均的缺陷。该方法中微生物所需氧由鼓风曝气供给，生物膜生长至一定厚度后，填料壁的微生物会因缺氧而进行厌氧代谢，产生的气体及曝气形成的冲刷作用会造成生物膜的脱落，并促进新生物膜的生长，此时，脱落的生物膜将随出水流出池外。几种生物接触氧化法如图2-4-11所示。

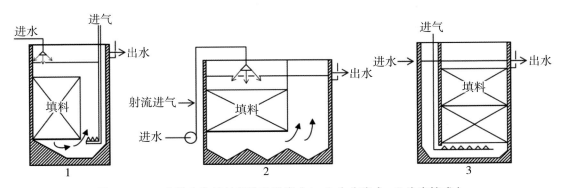

图2-4-11　几种生物接触氧化法示意（1、2为分流式，3为直接式）

（4）生物流化床。生物流化床是指为提高生物膜法的处理效率，以砂（或无烟煤、活性炭等）作填料并作为生物膜载体，废水自下向上流过砂床使载体层呈流动状态，从而在单位时间加大生物膜同废水的接触面积和充分供氧，并利用填料沸腾状态强化废水生物处

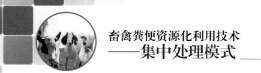
理过程的构筑物（如图 2-4-12 所示）。

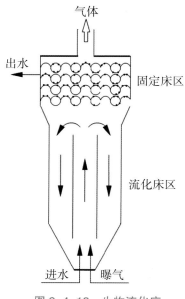

图 2-4-12　生物流化床

第五节　利用技术

一、沼气利用

粪便通过集中处理后主要产生沼气、沼渣和沼液，沼气用途非常广泛，可用于发电、生产天然气、燃烧锅炉、照明、火焰消毒和日常生活用气，沼渣和沼液主要用来生产有机肥。

（一）生物质发电

1. 沼气发电的优点

（1）畜禽粪便等农业有机废弃物通过厌氧发酵，产生大量的优质沼气，经沼气发电机组生产电力后可自用，也可上国家电网销售，可获得可观的经济效益。

（2）沼气发电机组产生的多余热能可用于厌氧罐体的增温和保温，维持厌氧罐中温发酵温度，获得最佳的发酵效果。

（3）畜禽粪便等农业有机废弃物通过厌氧发酵工艺后产生的沼液、沼渣可作为有机肥使用。这样不但降低了直接使用粪便对农作物的伤害，而且沼液、沼渣对农作物还具有防虫防病的作用，同时也提高了有机肥的肥效，有利于作物增产，还可获得绿色有机农产品，提高农产品质量。

（4）减少温室气体的排放量，并使废弃物得以再生利用，实现清洁生产和畜禽废弃物的零排放，可取得显著的环境效益。

（5）畜禽粪便经过中温厌氧发酵处理，可杀灭畜禽粪便中的致病菌和寄生虫卵，可防止疫病的传播，改善畜禽养殖的卫生环境，促进畜牧业健康发展。

2. 场地的选择

选择建设沼气发电工程的地址，除须符合行业布局、国土开发整体规划外，还应考虑地域资源、区域地质、交通运输和环境保护等要素。其主要选址原则包括：

（1）符合国家政策和生态能源产业发展规划。

（2）满足项目对发酵原料的供应需求。

（3）交通方便，运输条件优越。

（4）充分利用地形地貌，地质条件符合要求。

（5）位于居住区下风向，离居住区1 000米以上。

（6）满足养殖场的防疫要求，并远离水源。

（7）基础条件适合沼气发电工程的特定生产需要和排放要求。

3. 场地平面布局

厂区平面总体布局应符合该沼气发电工程工艺的要求，功能分区明确，布置紧凑，便于施工、运行和管理；结合地形、气象和地质条件等因素，经过技术经济分析确定（图2-5-1）。

图2-5-1 浙江开启能源科技有限公司平面布局

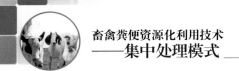

（1）竖向设计应充分利用地形、设施高度，达到排水畅通、降低能耗、土方平衡的要求。

（2）构筑物的间距应紧凑、合理，并应满足施工、设备安装与维护、劳动安全的要求。

（3）附属建筑物宜集中布置，并应与生产设备和处理构筑物保持一定距离。

（4）各种管线应全面安排，流程力求简短、顺畅，避免迂回曲折和相互干扰，输送污水、污泥和沼气管线布置应尽量减少管道弯头以减少能量损耗和便于清通。

（5）各种管线应用不同颜色加以区别。

（6）厂内绿化面积不小于 25%。

（7）总平面布置满足消防的要求。

4. 工艺的选择

在工艺技术上以厌氧发酵为技术核心，同时结合其他工艺技术，采用节能及综合利用的"循环经济"模式，以达到最佳的利用效果。目前，厌氧发酵的工艺较多，但多采用成熟可靠的国内领先技术——高浓度全混合（CSTR）工艺与设备。通过厌氧发酵产生的沼气经生物脱硫净化后通过干式贮气柜进入沼气发电机组生产电力，发电机组产生的余热用于厌氧罐的增温与保温。经厌氧罐发酵后所产生的沼渣、沼液经固液分离机进行固液分离，固体部分（沼渣）用于生产固体有机肥料，液体部分（沼液）则被用作液态有机肥料，供种植基地使用。

5. 处理规模及相应设施

处理规模可根据畜禽粪便的量来确定，如 1 兆瓦发电机组每日可处理畜禽粪便 250 吨（TS 12%）左右，日产沼气约 10 000 立方米，日发电量约为 2 万度，一年按 345 天生产日计算，年发电量约为 690 万度。相应的发电设施有均浆池 600 立方米，厌氧发酵罐 8 000 立方米，贮气罐 1 200 立方米，生物脱硫系统 1 套，1 兆瓦发电机组 1 套，板式热交换器 1 套，半内燃沼气火炬 1 套，沼气流量计 1 套，高压配电 1 套，自控系统及有关附属设施。

6. 沼气发电机组的选择

在机组功率配置上，如果所配机组功率较小，沼气不能完全使用，当超过储柜容积时就必须点燃火炬烧掉多余沼气，造成资源浪费；如果机组配置过大，则会造成效率降低。因此，机组配置原则上采取沼气所需量接近供应量，并稍大于沼气供应量，机组运行负荷不小于 80% 最好（图 2-5-2）。

7. 粪便沼气发电工程工艺设计

（1）工程规模设计。工程的设计规模按畜禽粪便的提供量来确定（具体见第四节处理技术有关内容）。

（2）工艺流程的确定。

① 沼气发电生产工艺流程。粪便沼气发电工程的工艺流程如图 2-5-3 所示。

② 工艺流程说明。对发酵原料采用统一收集运输管理。畜禽粪便经预处理和厌氧发酵后，产生的沼气经生物脱硫后进入发电机组生产电力，发电机组的余热用于匀浆池和厌氧罐物料的增温。厌氧发酵所产生的沼液和沼渣用于生产有机肥料。

图 2-5-2　沼气发电控制柜

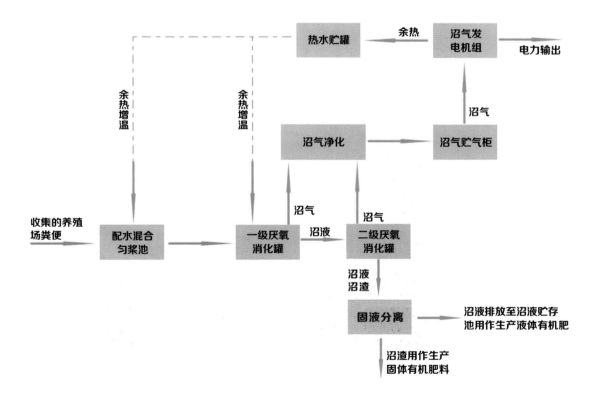

图 2-5-3　粪便沼气发电工程的工艺流程

a. 预处理工艺。

畜禽粪便被送入匀浆水解池，在匀浆水解池内充分混合、增温，然后泵入厌氧罐内。在此实现匀浆、水解、增温，以保障后续处理构筑物正常运行。

b. 厌氧消化工艺。

厌氧消化工艺包括进料单元、厌氧消化单元、沼气贮存等。

（a）进料方式。匀浆后的畜禽粪便由提升泵向厌氧消化单元分批间歇进料。

（b）厌氧反应器选择。完全混合厌氧反应器（CSTR）适用于畜禽粪便发酵工艺。它在沼气发酵罐内采用搅拌和加温技术，这是沼气发酵工艺中的一项重要技术突破。通过搅拌和加热，使沼气发酵速率大大提高。完全混合厌氧反应器也被称为高速沼气发酵罐，其特点是：固体浓度高，可使畜禽粪便污水全部进行沼气发酵处理。优点是处理量大，产沼气量多，便于管理，易启动，运行费用低。一般适宜于以产沼气为主，有使用液态有机肥（水肥）习惯的地区。由于这种工艺适宜处理含悬浮物高的畜禽粪便和有机废弃物，具有其他高效沼气发酵工艺无可比拟的优点，现被欧洲等沼气工程发达地区广泛采用。选择完全混合厌氧反应器（CSTR）有利于节省投资，较长的水力停留时间也有利于混合粪便充分分解与消化，沼气的产量也相对稳定（图2-5-4）。

图 2-5-4　厌氧发酵罐

（c）厌氧罐配置。每座厌氧反应器内设置搅拌器，使进料均匀分布并充分与厌氧微生物接触，使厌氧罐内料液温度均匀，有利于提高产气率。而且，还可以破除浮渣，防止结壳。

反应器上部设出料系统，溢流进入下一个处理单元。

（d）保温与增温。厌氧消化反应过程受温度影响较大。温度主要通过影响厌氧微生物细胞内某些酶的活性而影响微生物的生长速率和微生物对基质的代谢速率。根据微生物生长的温度范围，厌氧微生物可分为嗜冷、嗜温、嗜热微生物。相应地，厌氧消化按温度可分为常温、中温、高温发酵。如厌氧处理单元设计为中温，其最佳温度范围为35~38℃。为了保证厌氧反应在冬季仍可正常运行，必须对系统实施增温和整体保温措施（图2-5-5）。

增温的热源来自沼气锅炉。锅炉产生的热量对罐体增温，热交换后的水再回到锅炉系统。

图2-5-5 余热收集系统

（二）生物天然气生产

利用沼气制作天然气技术目前已非常成熟，天然气在工业、农业和日常生活中用途广泛。近年来，畜禽粪便以治污为目的通过厌氧发酵生产沼气非常普遍，但产生的沼气大部分都没有利用，而是直接排于大气中，沼气中的主要组分甲烷和二氧化碳是强温室效应气体，直接排放会对大气环境造成极大的破坏。粪便集中处理产生的大量沼气给制作天然气带来了方便，可以以低成本而获得较好效益，在保护生态环境的同时实现了畜禽废弃物的资源化利用。

1. 沼气与天然气的参数比较

典型的沼气与天然气主要组分和热值有很大的不同，具体参数见表2-14。

表 2-14　沼气和天然气典型组分及相关燃烧特性参数

组分及项目	管输天然气	液化天然气	沼气
CH_4	96.27%	88.77%	61.28%
C_2H_6	1.77%	7.54%	
C_2H_8	0.30%	2.59%	
iC_4H_{10}	0.06%	0.45%	
nC_4H_{10}	0.08%	0.56%	
C_5H_{12}	0.12%	0.00%	
N_2	1.40%	0.09%	
CO_2			38.09%
H_2S 及其他			0.63%
高位热值/兆焦/立方米（千卡/立方米）	40.27（9 618）	44.61（10 655）	23.90（5 708）
低位热值/兆焦/立方米（千卡/立方米）	36.36（8 684）	40.39（9 647）	21.55（5 148）
华白指数/兆焦/立方米（千卡/立方米）	52.99（12 656）	56.05（13 387）	24.59（5 873）
燃烧势	39.85	41.85	18.52
相对密度	0.58	0.63	1.22

　　从表 2-14 相关数据可以看出，沼气与管道天然气和液化天然气相比较，沼气的热值、华白指数、燃烧势、密度等参数都存在较大差异，不具备互换性，不能直接替代，必须对沼气进行净化处理，脱除 CO_2、水分、H_2S 等组分，使沼气与天然气组分、热值、燃烧特性参数基本相同，各项指标符合国家天然气标准要求，则沼气就成为真正意义上的天然气。

　　2. 沼气的净化处理

　　沼气制作天然气首先必须净化，可用化学吸收法、洗涤法以及变压吸附法等，通过专用设备有效去除沼气中的水、二氧化碳、硫化氢等混杂气体，如氧的含量过高，还要进行脱氧，确保沼气得到充分净化，达到国家天然气的质量水平，可直接用作车载燃料，也可进行压缩罐装或接入管网，替代罐装液化气或管道煤气，作为工业、农业或家庭日常使用。

　　（1）过滤。通过过滤器分离出沼气中的绝大部分物理杂质后，进入下一道工序。

　　（2）脱硫。沼气中的硫除硫化氢外，还有其他含硫物质，如硫醇、硫醚等，主要有干法、湿法和膜分离法等工艺，根据沼气中硫化氢含量的高低选择专用设备将总硫脱至国家规定的范围以内，常用的办法是用脱硫塔。

　　（3）脱碳。脱除沼气中的二氧化碳方法较多，有化学法、物理法、膜法以及变压吸附法等，可根据不同的工艺选择不同的方法。

（4）脱水。没有经过处理的沼气含有一定的水汽，必须通过脱水设备先进行脱水。脱除沼气中的水分常见的有冷凝法、吸收法和吸附法3种。冷凝法，是沼气通过热交换系统中的冷却器使沼气中的水汽冷却而除去冷凝水；吸收法，是利用乙二醇等吸水性较好的液相物质吸收沼气中的水分；吸附法，是通过硅胶、氧化铝等干燥剂来吸收沼气中的水分。

（5）脱氧。沼气中如氧气含量过高，在压缩过程中极易引起爆炸。因此，必须用专用设备对收集的沼气进行脱氧，使氧气含量在国家规定范围以内。

3. 生物天然气的使用

（1）直接进入天然气管网。如集中处理场地离天然气管网较近，充分净化后的沼气可直接替代天然气进入天然气管网，供用户使用。

（2）压缩罐装。经充分净化后的沼气，甲烷组分体积含量超过97%，其主要成分和燃烧特性与管输天然气完全一致，将这种净化沼气再进行深度脱水和脱氧处理后进行压缩，则可成为罐装天然气产品。

沼气制作天然气进行使用时，必须遵循下述国家标准：《天然气》（GB 17820—1999）、《车用压缩天然气》（GB 18047—2000）、《城镇燃气设计规范》（GB 50028—2006）、《城镇燃气分类与燃烧特性》（GB 16121—2008）、《城镇燃气技术规范》（GB 50494—2009）。

二、沼渣利用

粪便通过厌氧发酵集中处理后产生的沼渣量比较大，一般都生产成有机肥，通过有机肥的使用，达到资源化利用的目的。

1. 沼渣的主要成分

沼渣是畜禽粪便发酵后通过固液分离机分离出的固体物质，含有丰富的有机质、腐殖酸、氨基酸、氮、磷、钾和微量元素。以干物质计算有机质一般在95%以上，其他成分根据其发酵原料的不同而有所差别。以浙江开启能源科技有限公司猪粪发电产生的沼渣为例，其测定结果见表2-15。

表 2-15　猪粪沼气发电后沼渣相关数据实测结果

检测项目	实测结果	有机肥行业标准（NY 525—2012）
有机质的质量分数（以烘干基计）（%）	97	≥ 45
总养分（氮＋五氧化二磷＋氧化钾）的质量分数（以烘干基计）（%）	6	≥ 5.0
全氮含量（以烘干基计）（%）	2.21	—
全磷含量（以烘干基计）（%）	2.76	—

续表

检测项目	实测结果	有机肥行业标准（NY 525—2012）
全钾含量（以烘干基计）（%）	1.26	—
酸碱度（pH 值）	7.3	5.5-8.5
总砷（As）（以烘干基计）（毫克/千克）	3	≤ 15
总汞（Hg）（以烘干基计）（毫克/千克）	1	≤ 2
总铅（Pb）（以烘干基计）（毫克/千克）	25	≤ 50
总镉（Cd）（以烘干基计）（毫克/千克）	1	≤ 3
总铬（Cr）（以烘干基计）（毫克/千克）	6	≤ 150

2. 沼渣的作用

沼渣主要是用于生产有机肥，用作农作物基肥和追肥。通过有机肥的施用，不但达到了化肥减量的目的，而且还改良了土壤。沼渣也可用于配制花卉、苗木、中药材和蔬菜育苗的营养土。

3. 沼渣制作有机肥的工艺流程

有机肥生产设施有固液分离机、烘干机、翻推机、皮带输送机、搅拌机、有机肥造粒机、自动包装机、沼液输送泵、液体肥储备池、化验设备仪器及有关附属设施。

沼渣制作有机肥工艺比较简单，如是一般有机肥只要对固液分离出的沼渣进行烘干或在阳光棚内晾干（水分在 30% 以内）就可装袋（图 2-5-6、图 2-5-7）。

图 2-5-6　沼渣干燥棚

图 2-5-7 有机肥包装机

如是配制不同作物的专用肥，就要根据不同作物的营养需要添加相应的元素和载体。沼渣制作有机肥工艺流程见图 2-5-8。

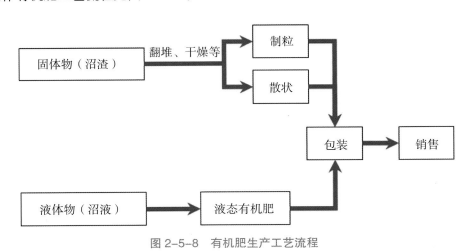

图 2-5-8 有机肥生产工艺流程

三、沼液利用

（一）回收循环利用

养殖粪水中含有大量病原微生物，如果不能进行有效无害化处理，回用过程中可能存在引发动物疫病和人畜共患病的风险，对养殖业的健康发展会带来一定的威胁。经过厌氧发酵虽然有一定的灭菌和杀灭寄生虫卵效果，若直接回用仍然存在一定的疫病风险，因

此，适用的养殖废水消毒技术是确保废水（沼液）回用安全和健康养殖的关键。当前国内外主要有二氧化氯、臭氧、电解水、紫外线和超声波等废水回收利用杀菌消毒技术，可根据养殖场具体情况选择消毒办法。目前在猪场、牛场常用作冲洗水用于冲洗栏舍或场地，实现养殖粪水的"内循环、零排放"。

（二）作为农业种植有机肥料使用

沼液不能直接排放，否则会导致二次污染，必须后处理加以资源化利用。沼液可作为有机肥，根据当地土壤状况和种植施肥情况应用于果树、花卉、蔬菜、绿化草坪、牧草、苗圃等。经研究，养殖场的养殖废水厌氧发酵后的沼液中有机质含量高达 0.9%，总养分大约 0.2%，沼液中含有氮、磷、钾、钙、铜、锌、铁、B 族维生素、赤霉素、氨基酸和酶活性物质，且经过厌氧处理后可以杀除约 95% 的寄生虫和有害细菌，沼液对作物的喷施和灌溉有一定抑制作物虫害的作用，可作为有效的生物防治剂，对"禾谷镰刀菌"有很强的杀抑作用，对蚜虫、红蜘蛛等也有很好的防治效果，可以减少农作物的农药使用量，长期将沼液作为作物肥料施用不会造成污染和病虫害的传播。研究表明，养殖废水厌氧发酵的沼液浸种对作物生长有明显效果，可以明显提高作物的产量和质量。如经试验，黄瓜、西红柿和苹果的产量均可提高 30% 以上，黄瓜、番茄、苹果的口感好，苹果着色度高，易贮存。使用沼液还可使作物维生素 C、胡萝卜素、还原糖、可溶性固形物含量增加，果蔬的口味及外观改善，经济效益提高（图 2-5-9 至图 2-5-11）。

此外，沼液与无机元素络合，沼渣、沼液进行深加工，生产多元复合营养有机复合肥

图 2-5-9　牧草种植

图 2-5-10　沼液灌溉蔬菜管道　　　　　　图 2-5-11　沼液灌溉蔬菜

或叶面水肥，在农业利用上更有广阔的空间。

在使用沼液肥料期间，实行测土施肥，对种植植物生产期的土壤养分含量、沼液肥分含量以及作物所需不同成分的养分动态进行监测，合理施用沼液肥，不施用化肥、农药，开展安全生产、清洁生产，充分利用生物质资源，形成生态养殖与种植的良性循环。

（三）林业种植灌溉

在林地间建立沼液灌溉系统，将沼液引入速生丰产林、竹林、在林下种植的金线莲、铁皮石斛等中药材基地，可促进林业丰产、提高竹笋产量及中药材产量和质量，增加林产收入。适量的新鲜污水也可以用于林地、竹林地灌溉。

（四）食用菌施肥

经过消毒净化的沼液可用于食用菌日常喷洒，为食用菌提供养分及湿度，提高食用菌产量。

（五）养鱼

沼液中含有丰富的营养物质，在经过无害化处理后，可引入鱼塘养鱼。沼液较适合养殖肥水性鱼类，如鳙鱼、鲢鱼等。

（六）水生植物（人工湿地）种植

水生植物（人工湿地植物）不但具有美观、可欣赏性，能改善景观生态环境，同时还在污水治理方面发挥较好作用。水生植物通过光合作用为净化提供能量来源；植物庞大的根系为细菌提供了多样的环境，直接吸收利用废水中可利用的营养物质，吸附和富集重金属及一些有毒有害物质；能输送氧气到植物根部，有利于微生物的好氧呼吸；增强和维

持介质的水利传输等功能而发挥净化水质的效果（图2-5-12）。

湿地水生植物根据存在状态分为浮水植物、挺水植物及沉水植物。主要用于湿地系统中的植物有芦苇、香蒲、茭白、菖蒲、水葫芦、细绿萍、慈姑、泽泻、美人蕉等。芦苇可以作为工业原料，茭白、水葫芦、细绿萍可以用作青饲料，美人蕉、菖蒲、慈姑、泽泻等用于景观。此外，还有水空心菜、莲藕等蔬菜水生植物可用于湿地系统。可根据沼液的用途及后处理要求来选择性种植这些水生植物，这些水生植物不但具有净化水质的作用，还可利用水生植物而取得经济效益。

图2-5-12　人工湿地植物

第三章　应用要求

中小型分散畜禽养殖场养殖规模小，布局零散，由于缺乏有效的治理措施，畜禽粪便污染治理技术和监管成本相对较高，成为当前农村面源污染的主要来源及农业源污染减排的重点和难点。对于这类畜禽养殖场，粪便处理建议采用集中处理模式。该模式能否达到期望的农业源污染减排的要求，要依赖于科学合理的工艺路线、经济适用的处理处置技术和高效的综合利用。

对于畜禽粪便集中处理的收集、运输、集中、规模化处理服务等环节，在应用方面有一些具体要求。这些应用要求与其他畜禽粪便处理方式有的相同，有些又有针对性，需要区别对待。根据国内现阶段应用情况，其类型主要有收集转运型、有机肥生产型、生物质能源型和综合利用型4种。集中处理中心建设是畜禽粪便集中处理模式的重要内容。至于如何选择最优的畜禽养殖废弃物无害化处理与资源化综合利用模式，以及高附加值的处理处置技术，取决于集中处理中心所覆盖区域畜禽种类、粪便产生量、收集方式、地理位置分布和运输成本。

第一节　基本理念

畜禽粪便集中处理模式多适用于畜禽养殖密集区，中小型分散养殖较为集中，畜禽粪便产生量有相当规模的区域。该模式一般按照畜禽粪便"统一收集，集中处理，社会化服务，综合利用"的思路，建设区域畜禽粪便收集处理中心，实行物业化管理、专业化收集、无害化处理、商品化造肥、市场化运作，将一定区域范围内的中小型分散养殖场（户）畜禽粪便收集起来后集中处理、综合利用。为确保畜禽粪便集中处理长期稳定运行，在建设、运营过程中，要遵循"产业化、专业化、资源化、减量化、生态化"五大发展理念。

一、产业化发展理念

为确保工程长期稳定运营，规划时要兼顾环境效益、社会效益和经济效益，走可持续发展产业化之路。将污染治理与资源开发有机结合起来，使养殖场粪便治理工程产出大于投入，提高畜禽养殖废弃物循环利用率，实现"投入—处理—产出—回报"的良性循环。

二、专业化发展理念

通过政策、资金引导专业化发展。根据集中处理规模实行专门化运作，集中处理中心聘任专业人员开展独立运营，实行严格财务制度和绩效考核，接受社会监督。畜禽粪便集中处理模式在设计中需吸取国内外先进、成熟可靠的处理工艺和施工技术。合理协调人工操作和自动控制的关系，对不便人工操作，且人工成本较高的工艺，采用专业自动化技术，提高系统运行管理水平。坚持畜禽养殖主要污染物的零排放，病原菌有效控制，排泄物安全处理与利用，解决环境污染问题，促进农业增产增收。

三、资源化发展理念

充分利用畜禽粪便资源是污染防治的重要原则。畜禽粪便是一种宝贵的资源，经处理后，可以产出再生能源（沼气）、有机肥，具有较好的经济价值，在肥料化、饲料化、能源化等方面有着巨大的利用潜力。因此，畜禽粪便的资源化利用是治理养殖污染的首要原则。在人们日益重视有机农业、无公害农业的今天，充分利用畜禽粪便资源，既能减轻环境污染，又能带动和保障有机农业的安全持续生产。

四、减量化发展理念

在畜禽粪便源头管理上，要做到控制畜禽粪便的产生量。在畜禽养殖过程中进行综合合理配制饲料，采用节水型环保型畜禽生产工艺、干清粪工艺，做好雨污分流、干湿分离，彻底将粪便与雨水分离开来，饮排分离、粪水封闭收集，运用这些技术和工艺能有效减少粪便排放总量、降低污染物浓度，既能降低污染治理难度，又能节约治理成本。

五、生态化发展理念

畜禽养殖废弃物的综合利用应与农业生态化发展相结合，依据物质循环、能量流动的生态学基本原理，坚持农牧结合，强化种养平衡，促进种植业与养殖业结合，将养殖业回归农村、农业，同时，将畜禽粪便治理与农村其他环境问题结合起来共同治理，如秸秆焚烧污染、化肥面源污染、土壤盐渍化问题等，促进生态农业的可持续发展（图3-1-1）。

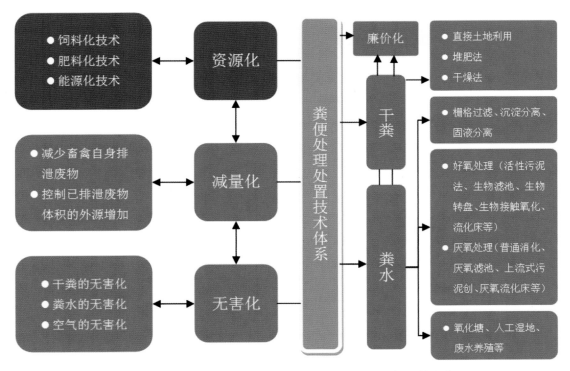

图 3-1-1 我国畜禽规模养殖业污染防治常规"三原则"和技术体系

第二节 适用范围

畜禽粪便集中处理体系建设主要环节为畜禽粪便集中处理中心建设，其建设模式及思路有收集转运型、有机肥生产型、生物质能源型和综合利用型 4 种。畜禽粪便集中处理中心可根据所覆盖区域养殖畜种、养殖场（户）规模以及养殖环境，综合权衡进行选择。

一、收集转运型

该模式以收集转运为主，公益性较强，需建设畜禽粪便中转站，通过集中收集周边分散养殖场畜禽粪便，作无害化处理后，干粪和液态粪水根据实际情况统一寻找使用途径。具体的应用要求如下。

该模式主要应用于基本上无粪便处理能力的分散畜禽养殖户区域，在经济不发达、土地宽广，远离城市和城镇的地区，有足够的农田消纳，特别是种植常年施肥作物，如蔬菜、经济作物的基地，更适合采用这种模式。畜禽粪便处理中心起到粪便收集、暂存、有机肥化处理和运出还田的作用。该处理模式适用于猪、牛、禽和羊等各类畜禽品种，由于禽和羊的粪便含水量显著低于猪和牛，因此更适合于这种模式（图 3-2-1）。

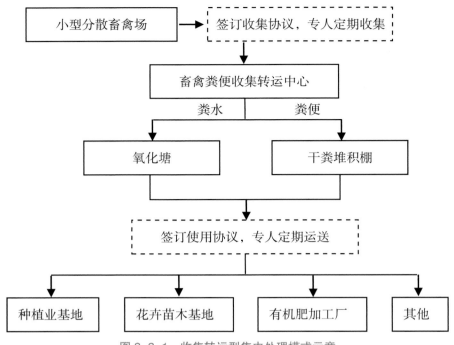

图 3-2-1　收集转运型集中处理模式示意

二、有机肥生产型

　　该模式以生产商品有机肥为主，需建设有机肥生产线（或改造现有有机肥生产厂），通过集中收集周边分散养殖场畜禽粪便，干粪结合周边农业生产废弃物秸秆等生产商品有机肥，液态粪水经无害化处理后统一运送至种植业基地。

　　该模式主要利用了畜禽粪便的固体和混合型粪便部分，所以，要求畜禽粪便种类和产量要稳定，且要求畜禽养殖场对畜禽粪水有一定的处理能力。养殖户需建立配套的粪水贮存池，粪水贮存设施总容积不得低于当地农林作物生产用肥的最大间隔时间内本养殖场（户）所产生废弃物的总量。同时还要求周围配套相应规模的消纳农田，粪水经过一定时间贮存后经管道输送至周边农田。

　　有机肥厂应建在交通方便，远离工矿企业污染较大、排水良好的场地。厂址旁边应有公路，以方便畜禽粪便、辅料、产品等大宗物资的运输。距离最近的居民区不低于 100 米、距离最近的养殖户不低于 500 米。要有清洁、卫生的水源。保证有充足的电源。由于有机肥前处理和生产中有部分粪水产生，因此，还应建设废液好氧处理池及其配套设施。

　　该模式主要适用于有初步粪便处理能力的中小型畜禽规模场和连片规模养殖小区。有机肥生产能力要与集中处理中心所覆盖畜禽养殖场干粪产生量相配套。该模式均适用于牛、猪、禽和羊等各类畜禽品种，由于家禽粪便含水量低，便于收集和运输，且营养价值高，更适合应用此模式（图 3-2-2 至图 3-2-4）。

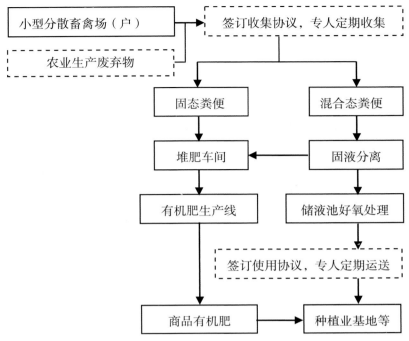

图 3-2-2　有机肥生产型集中处理模式示意

图 3-2-3　鸭粪废弃物有机肥集中处理中心

图 3-2-4　有机肥生产型集中处理模式的
场内粪水处理池

三、生物质能源型

　　该模式以获得能源为主，需建设厌氧发酵装置，通过集中收集周边分散养殖场畜禽粪便，结合周边农业生产废弃物秸秆等，进行厌氧发酵生产生物质燃气、生物质固态肥和生物质液态肥，并将生物质固态肥和生物质液态肥用于作物肥料、养鱼等，促进农业种养一体化。生物质燃气的主要利用方式为：一是为周边居民提供燃气，二是通过发电为养殖场提供电力，余电上网（图 3-2-5）。

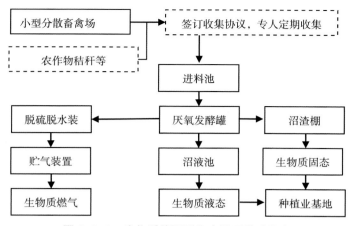

图 3-2-5 生物质能源型集中处理模式示意

该模式集中处理中心应选择在交通便利、水电设施齐全、离周边养殖户和用气户适当距离中心位置。工程建设用地距离最近的居民区不低于 100 米、距离最近的养殖户不低于 50 米、用地上方无高压线且距离高压线塔或杆不低于 50 米。用地面积在 2.5 亩（1 亩 ≈ 667 平方米。全书同）以内，且土地为农业附属设施用地。该处理模式均适用于牛、猪、禽和羊等各类畜禽品种。畜禽场户所有圈舍应建设有雨污分离、干湿分离、封闭式粪水排放沟、粪便收集管网和粪水暂存池等基础设施。

四、综合利用型

该模式由于投资、维护成本较高，处理畜禽粪便量较大，因此，更适用于有一定规模的畜禽养殖场或采用"企业 + 农户"模式的规模化企业（图 3-2-6，图 3-2-7）。处理中

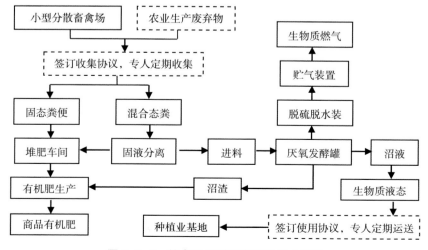

图 3-2-6 综合利用型集中处理模式示意

心所覆盖区域养殖规模一般要求常年生猪存栏 5 000 头以上、牛存栏 500 头以上、鸡存栏 10 万羽以上。所配套种植业基地的农田足够消纳集中处理中心处理过的粪水，且需求应常年稳定。

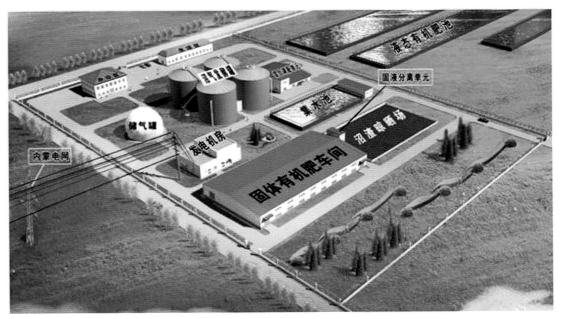

图 3-2-7　大型畜牧企业粪便综合利用模式

第三节　注意事项

一、管理层面

（一）政府规划和政策引导

　　政府拟定在本辖区开展畜禽粪便集中处理规划时，应根据本地经济社会发展、消费人群及市场等实际情况，按照"政府建设，考核管理；统一收集，集中处理；社会化服务，专业化经营；综合利用，种养联动"的原则，因地制宜地制订相关政策。对畜禽养殖业进行统筹规划，畜禽养殖场应根据土地对畜禽废弃物的消纳能力，确定畜禽养殖规模。

　　县（市）以上行政地区应根据本地区农业种植规模和养殖特点，制订科学合理的地区畜禽养殖污染防治规划，优化畜禽养殖场（户）及其污染防治设施的设计方案，使畜禽养殖业既满足当地经济发展和人们生活的需要，又符合当地新农村建设要求，所建设的集中处理中心以及其所覆盖的畜禽养殖场（户）符合畜牧业发展规划、区域经济发展规划，尽可能地减少对环境造成的影响。比如，将养殖区域控制在城市下游、下风口，远离人口密集区和饮用水水源地等环境敏感区。

当地政府以及镇、村级行政组织应高度重视，制订相应的政策和鼓励措施，组织协调集中处理中心的建设和运营工作，配给相应的建设用地，水电、道路基础建设以及资金支持等；如道路宽度不得低于3米并能允许6吨卡车通行（运输沼渣沼液）、稳定电源保障，以利于工程建成投产后的集中管理；养殖户、周边农户有较高的积极性，有意愿配合（图3-3-1）。

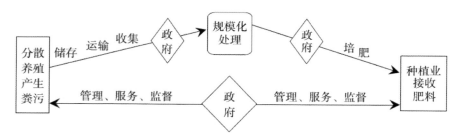

图3-3-1 政府在PPP模式中所起作用的示意

在采用PPP模式时，可由乡镇政府主导实施，在辖区内统一规划，通过物业化管理、社会服务化收集、无害化处理、商品化造肥造气、市场化运作等，实现中小型分散畜禽养殖场综合治理的目标。后续的运行管护费用以乡镇财政配套和市场化运作收益为主，国家及县级以上地方政府财政支持为辅。

（二）集中处理中心建设的基本要求

覆盖区域及其周边2千米范围内养殖户常年饲养规模生猪存栏500头、牛存栏50头、鸡存栏1万羽以上的片区。相对集中的处理模式，要求覆盖区域内散养户总量较少，至少存在户均生猪存栏500头（牛存栏50头、鸡存栏1万羽）的养殖户。

覆盖区域内及其周边有一定的农田或园艺场地，最好为连片、成规模种植户或者专业合作社，尽可能保证养殖场（户）周围有足够的土地消纳畜禽粪便。

（三）社会化运行管理

以市场化运作、一体化管理的模式，委托专业合作社或者专业化管理公司开展运营。制订各项运营制度，以"自主经营、自负盈亏；各负其责、相互配合；产品计量、有偿使用；市场调节、兼顾公益；权益转让、适度返补；服务提升、安全管理"的市场化托管运营机制，对所托管的处理中心进行日常运行维护管理，确保长效运行。主管部门对畜禽粪便集中处理中心负责人实行"经济、社会、生态"多重目标综合考核。

1.构建运营机制

集中处理中心运营管理受托方，在人事管理上实行全员聘用制，并签订劳动用工合同，在财务管理上严格执行财务制度和财经纪律，收支情况定期公开，接受社会监督。运行管护费用以地方政府配套支持为主，主要包括工作人员的工资费用、管理费用、设备维护费用、吸污车的汽油、保险和维修费用等（图3-3-2）。

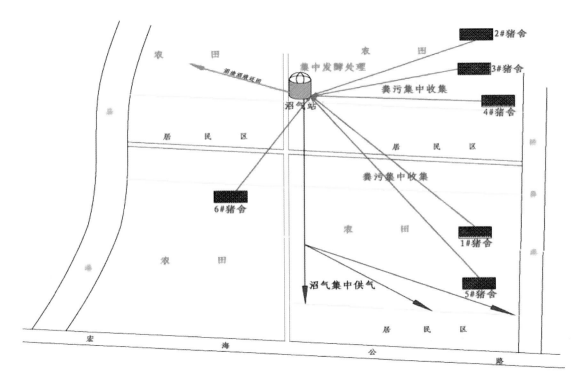

图 3-3-2 生猪养殖粪便集中处理中心（沼气）示意

2.建立粪便来源档案

所覆盖养殖户登记造册。由专人对所覆盖养殖场（户）粪便量进行登记，登记的主要内容有养殖户姓名、联系方式、畜禽场占地面积、存栏数量、预计粪便类型（固、液和混合）和产生量（月/季/年）、场内粪便处理设施、是否有意愿参与集中处理等情况，同时到现场核实。

3.科学收集粪便

为有效破解原料收运难题，针对小型分散畜禽养殖的现状及地形、交通等条件的限制，建立区域散养户畜禽废弃物产生源数据库和服务区域信息地图，摸清收集点、收集位置、收集频率、所需工作人员数量和收集装置的类型，通过连续的试验并根据收集畜禽废弃物量，对收集路线进行平衡设计，人力、物力和运行等各项收集成本费用数据需认真评估，一般尽可能控制运输距离在10千米范围内，平衡设计收集路线。

4.划片管理

划分不同收集片区，专人专区收集到场（户）。为便于管理，明确责任，根据各养殖场（户）的分布特征和养殖数量，将粪便收集划分不同片区，每片区确定1名责任人，负责本片区的粪便收集工作。通过制订明确的收集计划表，每日清运到场（户），并负责协助运输至畜禽粪便集中处理中心（图3-3-3）。

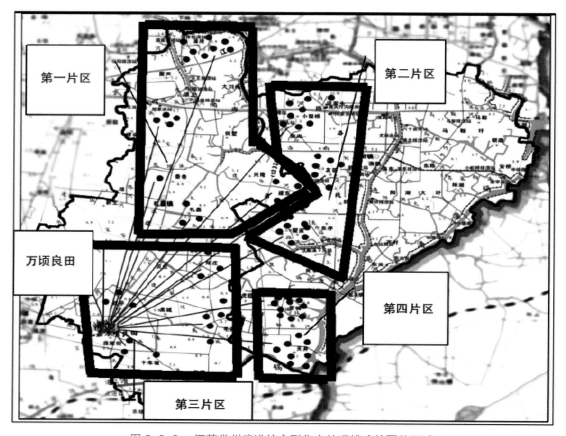

图 3-3-3 江苏常州武进综合型集中处理模式的覆盖区域

5. 配备专业队伍

配置自吸式吸粪车和自卸式运粪车等专用收集车辆。畜禽粪便收运系统可分为"车辆流动收集方式"和"中转站收集方式",尽可能采用直接运输为主、一级转运为辅的工艺路线(图 3-3-4)。

图 3-3-4 养殖废液收集示意

对交通方便的散养户,或收集车易到的地方,采用"车辆流动收集方式";对于远离公路的散养户,采用"中转站收集方式"。政府负责在公路沿线根据实际情况间隔建立养殖废物收集中转站，以便各散养户通过可行的方式将自家的养殖废弃物送至中转站，然后由集中处理中心派废弃物专用收集车辆定期到各养殖废液收集坑和废弃物收集中转站收集，最终送至畜禽养殖废弃物集中处理中心。专用收集车辆可采用钢制罐状收集车，由于密闭程度高，可避免在运输过程中抛、洒、滴、漏及散发臭气而导致环境污染。要严格操作程序，距离居民区、人口密集区与规模养殖场距离不得小于 500 米，否则不利于防范疫病。

6. 干粪收集

干粪贮存和运输系统包括小型运粪车、畜粪收集斗、摆臂式收集车等。小型运粪车用于从每个养殖场运输粪便到干粪贮存收集站，并把粪便倒入畜粪收集斗内，摆臂式收集车用于把装满的畜粪收集斗装回有资质的畜禽粪便集中处理中心，并把空收集斗放在干粪贮存收集站，确保养殖户粪便随时有地方存放。干粪贮存收集站根据养殖规模和各养殖户的距离来设置（图 3-3-5）。

收集斗

图 3-3-5　干粪摆臂式收集车收集示意

7. 科学匹配原料来源

充分考虑市场波动引起存栏量不稳定，影响养殖原料的来源。当本区域粪便供应量减少时，适当增加作物秸秆、餐厨废弃物等其他废弃物收集。据测算，每减少 1 000 头生猪存栏，每天要增加秸秆消耗 0.5 吨，以保证处理中心稳定运营。

8. 建立台账制度和流程

粪便收集片区负责人根据养殖场粪便产生量通知营运单位派收集人员到户收集，并填写"粪便收集表"，载明粪便类型、数量等信息，并由养殖户、片区负责人和收集人员三方签字确认，由收集人员将粪便运至集中处理中心。集中处理中心管理人员，对收集来的畜禽粪便进行数量、重量核对，在"粪便日收集表"上签名，并将每日各场（户）日收集数量进行汇总，编制《粪便集中处理日收集台账》。集中处理中心管理人员同时要对粪便处理量、有机肥和沼气生产量进行日统计。每月末将月收集、月处理报表报畜禽粪便集中处理管理负责人。

9. 做好有机肥营销

对于有机肥生产型模式，受托方与养殖户签订协议，对处理中心所覆盖养殖户粪尿进行集中收集，集中至处理中心处置。区域内最好有大的专业蔬菜等种植户或周边有一定的农田或园艺场地。与有机肥需求大户和使用基地建立长期合作关系，根据畜禽粪便类型调

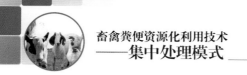

配有机肥生产标准，供应相适应的有机肥使用基地。

10. 沼气科学利用

对于生物质能源模式，受托方与周边居民签订协议，采用"自愿安装、有偿使用"的原则集中供气，供气范围以沼气工程建设用地为圆心直径控制在 1 千米范围内，供气户数量控制在 200~300 户。同时与周边种植大户签订协议，采用"自愿接受、有偿使用"的方式科学使用沼渣沼液，享受托管单位的技术指导与服务。

二、技术层面

（一）畜禽场内粪尿减量化的应用要求

要求养殖经营者在政府、畜牧技术推广单位政策支持和引导下，在养殖场内从源头控制畜禽养殖废弃物的总量产生。

1. 养殖场棚舍的改造

畜禽粪便集中处理所覆盖养殖户，在政府相关部门的指导下进行养殖场雨污分离、干湿分离的"两分离"建设，改建棚舍以及配套干粪堆棚与集尿池，新建粪水收集沟系、粪水主沟渠、粪水收集池，干粪集中存贮收集站，以有效容积满足贮存 3~5 天的排污量为宜。这里需要特别强调，暂时贮存设施应采取有效的防渗处理工艺，防止畜禽粪便污染地下水，同时采取设置顶盖等防止降雨（水）进入的措施。另外，养殖户还需要进行粪便运输的道路等设施的改造，便于吸粪、运粪车辆通行和操作。对于覆盖区域新建、扩建养殖场（户），应遵循政府的规划设计进行选址、施工，严格按照相关的规定进行环境影响评价并办理审批手续，落实养殖场污染治理设施"三同时"制度，即：畜禽养殖污染防治设施要与主体工程同时设计、同时施工、同时投产使用，并落实畜禽粪便综合利用措施。

2. 生产环节的控制

采用科学方法，降低单位畜产品污染物排放量。首先，尽量采用节水型畜禽生产、发酵床养猪等先进的环保生态养殖工艺，如水碗技术、干清粪技术、除臭添加剂等，从源头上控制畜禽养殖污染物排放。其次，选择优良品种控制畜禽废弃物排放。选择优良养殖品种，积极应用国家推广的畜禽优良品种，提高饲料利用效率，降低养殖周期，从而减少畜禽废弃物排放。最后，选用优质饲料控制畜禽废弃物排放，在畜禽养殖过程中选用低硫、合理蛋白质含量的饲料，根据畜禽生长阶段合理供应饲料量，根据不同养殖品种和养殖阶段对营养物质的需求量确定供给饲料营养配比，减少营养过剩而造成的畜禽废弃物排放。从源头上减少硫化物和含氮污染物的产生。对于有条件的，且有一定规模的养殖场（户），鼓励养殖经营者扩大投资，建设初步的粪便暂存和处理设施。

（二）集中处理中心无害化管控、资源化利用的技术要求

1. 收集转运型模式的技术要求

（1）由于收集的粪尿多为畜禽新鲜粪尿，所以，粪便中转站须建设在远离居住区、便

于还田的区域，还须具备将粪便无害化处理的设施，如废液好氧处理池、干粪堆积腐熟堆肥场等，其贮存量也应达到所覆盖区域畜禽排污量的需求。

（2）做好与种植业生产上的衔接，对粪便的处理、存贮、施用时间、方法、用量等进行详细规划，测定还田土壤成分、种植农作物营养需求，准确配比有机肥与化肥的施用比例和施用量，按照种植业生产节律科学还田。在种植过程、粪便还田过程中采取适当措施来减少面源污染，如春季施肥、平衡施肥、嵌入土壤施肥等。

2.有机肥生产型集中处理模式的技术要求

（1）该模式所覆盖畜禽场（户）内须采取有效措施将粪便及时、单独清出，不可与尿液粪水混合排出，并将产生的粪渣及时运至贮存或处理场所，实现日产日清。贮存设施应采取有效的防渗处理工艺，防止污染地下水，贮存设施应设置顶盖等防雨（水）进入的措施。

（2）根据所覆盖畜禽养殖类型和养殖量，确定有机肥物料的配比参数。若周边以牛场为主，可选用牛粪＋干鸡粪＋发酵剂辅料的模式。若周边以猪场为主，可采用猪粪＋辅料的模式。可选用当地资源较丰富的作物秸秆粉、稻草粉、花生壳粉、麦麸、锯末等作辅料。

（3）集中处理中心（有机肥生产场）需配备和建设必要的有机肥生产设备和设施。有机肥的前处理一般以自然风干或加热干燥为主，需要降低含水量、调整 pH 值和碳氮比例；加工过程中需要供氧通风；加工完成后还需要进一步干燥、过筛和制粒等处理。在以上处理过程中要规范生产，避免在生产过程中产生的恶臭气味和气悬浮颗粒造成二次污染。

3.生物质能源型集中处理模式的技术要求

该模式沼气池容量大小按周边分散养殖户常年栏存量来建设，以标准生猪存栏（其他畜禽品种可按照排污量来换算）来计算。

为安全生产，沼气日常生产中，应委派具有沼气使用、管理专业知识人员操作，并实行专人专职管理。日常生产中察看入料、搅拌、出料等生产环节，并对沼气生产中浓度、温度、压力、酸碱度、结水、流速、升降等 7 项技术参数进行观察与检查。定期排除管道积水，定期更换脱硫剂，严禁投入各类有毒有害物质。沼气应密封收储，充分利用，不外泄。

越冬期间，应提高沼气池干物质浓度至 10%~12%，增加单位体积内厌氧菌的含量。利用太阳能、塑料薄膜或搭建简易温室，来提高池温。

应建立沼气安全生产岗位责任制，沼气池维护保养与安全操作应符合 NY/T 1221—2006《规模化畜禽养殖场沼气工程运行、维护及其安全技术规程》的规定和国家现行有关标准的规定，禁止非专业人员入池出料和维修。沼气池应安装压力表，并经常检查压力表水柱变化。应在沼气池周围设置护栏和醒目标志，禁止闲杂人员进出护栏。应盖好沼气池所有的进、出料口。沼气池、贮气柜及发电机房周围 20 米内严禁烟火。沼气池顶禁止堆置重物，禁止货运电瓶车、拖拉机、收割机等机械碾压、击打。如遇不可处理突发情况，及时与施工单位及专业部门联系。

4. 综合型集中处理模式的应用要求

该模式结合了有机肥生产型和生物质能源型两种类型，前期投资比较大，需同时建设有机肥生产线和厌氧发酵（沼气生产）设施。其技术要求需兼顾有机肥生产和生物质能源生产两种类型的要求（图3-3-6）。

图3-3-6　畜禽粪便沼气生产与发电企业厂区

第四章　典型案例

第一节　猪场案例

案例 1　福建省南平市延平区第三方集中治理模式
【有机肥生产型】

一、简　介

　　南平市延平区辖区内属丘陵地带，山地多平地少，各乡镇养殖户的生猪养殖场依山而建，山垄、山头都有养殖场，集中与分散并存，大部分为小型农户养殖，养殖场内没有合格的粪便处理设施，各小流域巨大的养殖量产生的大量粪便未经处理直接排入溪流，使当地生态环境遭到严重破坏，人民生活质量下降。如炉下镇杜溪流域涉及 9 个行政村共有养殖户 1 218 户，猪栏面积 564 638 平方米（不包括规模养殖场）；太平镇南坪溪流域涉及 5 个行政村共有养殖户 329 户，猪栏面积 19.82 万平方米（不包括规模养殖场）。这些养殖场粪便直接排入小流域，造成溪流黑臭，严重影响生态环境。

　　针对当地养殖及小流域污染情况，延平区政府引进南平正大欧瑞信公司采用第三方集中治理模式对太平镇南坪溪和炉下镇杜溪小流域开展治理工作，由南平正大欧瑞信公司在多个邻近的养殖场附近设置一个粪便收集与预处理点，通过截污管道将养殖场内的猪粪水收集至预处理点内的集粪池，经固液分离后将污水输送至集中处理点的集水池中，通过一系列的物化＋生化处理，应用南平正大欧瑞信生产的微生物菌剂，经过 2~3 天的处理使粪水变为液肥，用于周围山地、农田的灌溉；固液分离后的固体粪便经堆肥发酵后直接用于农业生产或用于商品有机肥的加工，实现畜禽粪便无害化、资源化，达到种养结合，循环经济的发展目标（图 4-1-1）。

图 4-1-1　集中处理点局部实景

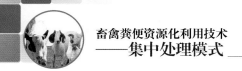

二、工艺流程

集中处理点工艺如下，主要包括粪水收集、悬浮物过滤系统、固肥发酵、液肥发酵、深度处理、液体灌溉消纳等系统，经过处置的粪便（固态肥）、粪水（液态肥）按资源化和循环经济要求进行综合利用。具体流程如图 4-1-2。

养猪场冲洗废水经过连接各养殖户的污水管道输送至收集点的集粪池，暂时贮存粪水。粪水混合物经过固液分离后，粪水输送至集中处理点集水池经水质及水量的调节后进入一级沉淀池，在一级沉淀池沉淀去除密度较大的固体悬浮颗粒，同时去除部分 BOD_5，改善后续生物处理构筑物的运行条件并降低其 BOD_5 负荷。

一级沉淀池出水进入 ABR 厌氧池，池内采用厌氧反应器结构，通过垂直安装的折流板使被处理的废水在反应器内沿折流板做上下流动，借助于处理过程中反应器内产生的沼

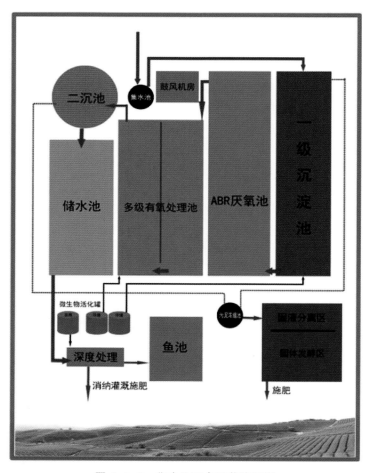

图 4-1-2　集中处理点工艺流程图

气使反应器内的微生物固体在折流板所形成的各个隔室内做上下膨胀和沉淀运动，而整个反应器内的水流则以较慢的速度做水平流动。在厌氧池内配合使用南平正大欧瑞信生产的高效微生物菌种，提高粪水熟化率，转化粪水中的大部分污染物。

ABR 厌氧池出水进入多级有氧处理池，粪水在缺氧区内与好氧区回流液混合后进行反硝化脱氮反应，出水进入好氧区，在高效微生物菌种的作用下，进行曝气处理，进一步转化有机物并进行硝化反应。出水进入沉淀池，经沉淀池去除悬浮物后出水进入深度处理一体机，将病菌、悬浮物等进行深度处理，出水进入液肥贮存池，进行液态有机肥生态有机农业灌溉，实现畜禽养殖污染物零排放。

分离出的固体粪便部分与污水处理系统产生的剩余污泥通过添加秸秆及高效微生物菌种置于固体粪肥发酵池中堆肥发酵，完全腐熟后直接还田或进行商品有机肥的生产。

三、技术单元

集中处理点采用物化和生化相结合，以生化工艺为主导对粪便进行处理，经过分离、沉淀、熟化、发酵等技术实现畜禽粪便转化为有机肥进行综合利用。主要技术单元如图 4-1-3 所示。

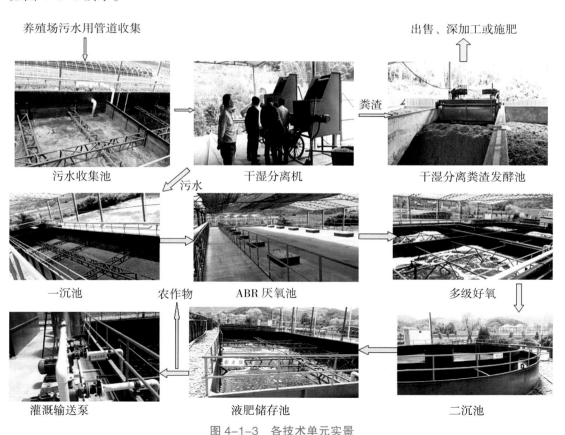

图 4-1-3　各技术单元实景

1. 收集方式

正大欧瑞信公司向养殖户无偿提供管道，指导养殖户做好雨污分离，督促养殖户尽量采用干清粪，清出的猪粪由公司统一收集到处理点发酵处理。冲洗水由管道收集输送到集中处理点统一处理，如图4-1-4。

图4-1-4　猪场废水管道收集

2. 贮存方式

粪便的固体部分集中在发酵池中进行发酵，发酵池兼具有贮存作用，经过初发酵的固体部分转送到有机肥厂生产有机肥或部分直接施用。液体部分分为未经处理的废水部分和已腐熟的液肥部分，废水由管道集中收集到集污池待处理；液肥部分贮存在贮存池待利用。

3. 固液分离

将已收集在收集池内的废水抽吸到固液分离机，经压榨、过筛等机械原理将混合在废水中的有机物分离出来，已分离出的固体物放置于发酵池内进行发酵生产有机肥使用。

图4-1-5　液肥灌溉蔬菜管网

4. 处理技术

采用传统的厌氧、好氧技术工艺并在处理废水全过程添加公司自主生产的高效微生物菌种生产液态肥，再结合相配套面积的农作物种植来消纳液肥，而达到生物质循环利用。详见上述工艺流程。

5. 利用技术

腐熟后的液肥主要用于林地施肥、蔬菜种植用肥以及苗圃施肥，如竹柳种植。固体部分用于生产有机肥（图4-1-5）。

四、投资效益分析

（一）治理投入（杜溪为例）

杜溪小流域涉及炉下镇 9 个行政村共有养殖户 1 218 户，流域内猪栏面积 564 638 平方米（不包括规模养殖场），最大生猪存栏数按猪栏面积的 75% 计算，共投资治理设施建设费用 4 955 万元，根据不同区域及养殖分布情况共设 8 个污水治理点。当治理设施建设结束调试运行后，按合同规定达到地表水水质标准时，延平区政府支付给正大欧瑞信第三方治理公司运行费用。

（二）效益分析

效益主要表现为社会效益、环境效益和经济效益，在政府层面则主要表现在社会与环境效益，在第三方企业方面主要表现在经济效益。

1. 环境效益

（1）区域小流域水环境质量得到保障，小流域从劣 V 类水质提升到 V 类、Ⅳ 类、最后达到 Ⅲ 类水质；保障下游居民的饮水环境健康安全。

（2）生猪养殖总量得到有效控制，由于全流域猪场全纳入治理，无序的违规新（扩）建养殖场现象得到有效制止，污染总量可控。

（3）居民生产生活环境得到显著改善，创造"水清、河畅、岸绿、生态"的居住环境。

2. 社会效益

（1）群众生产生活得到保障，社会安定稳定得到巩固。

（2）现代生态优质农业得到发展，较好地引导养殖户转岗转业或农民就业。

（3）在正大平台引领下，先后有中国环境科学院、福建农林大学、汉能控股集团、厦商集团等加入循环经济领域，创建商产学研协作平台模式和新的商业模式。

3. 经济效益

（1）治理企业运营服务收益。受延平区政府委托，正大欧瑞信公司自主运营杜溪流域治理设施，延平区政府按实际生猪存栏每头每年 19 元支付给正大欧瑞信第三方治理公司作为运营费用，取得运营服务收益。

（2）正大欧瑞信公司通过固体、液体有机肥的生产销售获得收益。

（3）延平区政府为正大欧瑞信公司流转土地 1 000 亩作为现代农业种植基地，带动农户发展生态农业取得收益。

（4）治理企业延伸服务收益。正大企业自主研发的微生态制剂向养殖户推广应用取得产品销售收益。

（5）其他收益。如第三方治理企业建设治理设施工程建设利润、政府相关优惠政策补贴等。

五、应用范围及条件

从目前运行情况分析，本模式需要在养殖较集中区域或养殖量大的区域、农（林）业种植较发达区以及有农业龙头企业平台等同时存在的条件才可合适地采用。第一，只有足够的养殖量，受委托的第三方治理公司才有一定的治理量和运行费，才能基本维持第三方治理公司的运行开支和基本收益，也就是说要有一定的养殖量才有可能有治理公司作为第三方参与治理服务工作；第二，养殖废水经过厌氧、好氧、腐熟等一系列技术手段处理后成为液态肥时，由于液态肥的形态、成分价值、使用成本等因素决定了液态肥不可能长距离运输，只能就近施用，这就要求养殖区域周边要有足够面积的农（林）业种植物，这些植物生长营养素需要量由养殖产生的液态肥提供，液态肥的产生量决定了需要消纳液态肥的种植量，当液态肥营养成分的产生量大于植物营养成分需要量时则无法做到零排放，无法有效循环利用，多出的营养成分则成为污染物排放到环境中会造成污染；第三，农业龙头企业在农业生产过程中对液态肥的使用、农产品的种植及农产品的销售等各方面起到极端重要作用。无论是第三方治理企业种植模式、公司加农户种植模式、农户自主种植模式或农业龙头企业种植模式，最终都必须由农业龙头企业已搭建的生产、销售平台来完成农产品向农商品转换，获取农业种植利润，也就是说液态肥也参与了农商品利润的产生，从而促进液态肥的使用和农产品的种植，否则，没有种植业获利，循环经济则无法形成。

案例2　湖北省仙桃市三伏潭镇粪便处理模式
【收集转运型】

一、简　介

三伏潭镇位于湖北省仙桃市西翼，地处江汉平原腹地，是沪汉蓉高铁仙桃西站所在地，318国道和沪蓉高速公路横贯全境。面积125平方千米，人口7.5万人，耕地面积7.5万亩。共有规模养猪场24家、规模养鸡场12家，年出栏生猪2.6万头、存栏蛋鸡32万只。

为有效解决畜禽养殖环境污染问题，湖北省仙桃市三伏潭镇采用粪便综合利用PPP模式，其核心是，政府（Public）投资建设公共公用设施，养殖户（Private）出资委托处理粪便，蔬菜合作社（Partnership）负责设施统一运营，实现粪便综合利用，发挥生态循环效益（图4-2-1）。

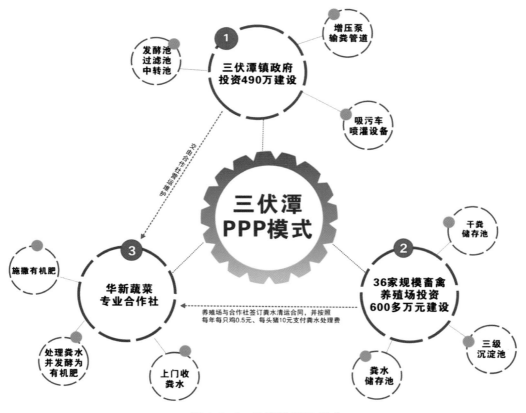

图4-2-1　三伏潭PPP模式

二、工艺流程

该镇对所有的畜禽规模养殖场进行生产工艺升级改造，按照"雨污分流、干湿分离、三池配套、粪水分储、资源利用"的要求，统一配套干粪贮存池、粪水收集池、三级沉淀池、干湿分离机等设施设备，做到干粪、粪水分类储藏，每年产生畜禽干粪、粪水各2万吨。干粪经发酵处理后，作为有机肥出售、池塘养鱼或种植水生植物等；粪水统一清运、集中处理、还田利用，促进资源节约、环境友好、生态循环（图4-2-2）。

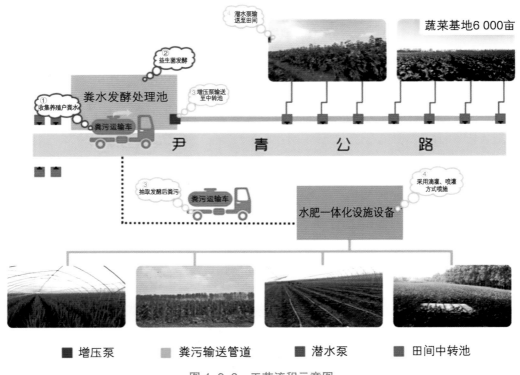

图4-2-2　工艺流程示意图

三、技术单元

（一）养殖场减量收集

采取人工或机械（避免掺水和水嘴漏水）清理畜禽粪便，建雨污分流棚和粪便存贮池，养殖户粪水全部收集至粪便存贮池。干粪作为有机肥出售，用于蔬菜、瓜果、花卉、苗圃、水生植物种植，或池塘养鱼等（图4-2-3）。

图 4-2-3 粪便存贮池

（二）粪便集中处理

用吸污车把养殖场贮存的粪水全部集中到发酵处理池，粪水发酵池内发酵处理。

（三）粪水还田利用

通过两种方式还田利用：一是通过增压泵直接输送到每个中转池，蔬菜合作社社员通过水泵抽送到农田施用；二是通过水肥一体化设施，粪水与清水按照 3：7 比例混合过滤后，进行喷灌或滴灌施肥（图 4-2-4 至图 4-2-9）。

图 4-2-4 粪水集中发酵处理池

图 4-2-5 水肥一体化过滤池

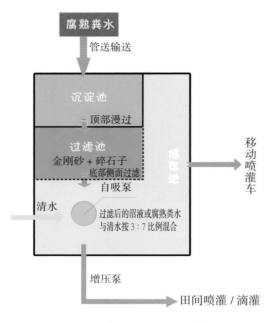

图 4-2-6 水肥一体化示意

图 4-2-7 田间中转池

图 4-2-8 吸污车运输养殖污水至集中处理池

图 4-2-9 农田利用

四、投资效益分析

（一）投入

1. 政府

三伏潭镇政府整合国家项目投资资金 490 万元，用于土地平整和高产农田创建 6 000 亩，建设 1 000 立方米污水集中发酵处理池、300 立方米水肥一体化过滤池、两台吸污车、两台移动喷灌车、2 千米田间输送管道、50 个 8 立方米田间中转池，配套提升泵站、机井、电变压器及其他田间工程等。

2. 养殖业主

36 家规模养殖场全部配套建设干粪存贮池、三级沉淀池及粪水存贮池等。

养殖户按照每年每只鸡 0.5 元、每头猪 10 元的标准，向合作社缴纳粪便处理费。

3. 合作社

华新蔬菜专业合作社定期上门，用吸污车收集养殖户的粪水。

收集的粪水按每立方米泼洒 1~2 千克益生菌发酵处理，15 天消除臭气腐熟。

通过增压泵直接输送到每个中转池，社员通过水泵抽送到农田施用。

通过水肥一体化设施，粪水与清水按照 3∶7 比例混合过滤后，进行喷灌或滴灌施肥。

（二）效益

1. 经济效益

年可收集处理畜禽养殖粪便 2 万吨。

种植蔬菜节约肥料 200 元 / 亩。

提高单产与价格增收 500 元 / 亩。

年可为合作社增收（200+500）元 / 亩 × 6 000 亩 =420 万元。

2. 社会生态效益

整合多方资源，调动政府、养殖户、蔬菜合作社的积极性，通过种养结合，实现畜禽粪便轻简化利用，发挥生态循环效益。

五、应用范围及条件

该模式在实施时地方政府要加以引导，并出台一些有利的政策，如建设集粪房、购买特种车辆给予补贴，项目建设上给予一定的资金支持，对养殖企业猪粪的处置上有一定的环保要求。

收集半径 30 千米范围内的规模猪场生猪存栏量不能少于 20 万头，猪粪原料不能是水泡粪。

上网电价应在每度 0.7 元以上。

生产出的有机肥要有销路。

统一收集，集中处理后的沼渣、沼液一定要处理彻底，防止面上污染变为集中污染。

江汉平原养殖场（户）大多比较分散，规模不大，处理粪便的能力较弱，必须要政府切实履行职责。三伏潭镇政府利用国家项目资金集中建设粪便处理中心，配套相关设施设备，帮助养殖户对粪便进行集中处理，同时也让广大种植户充分受益，既解决了养殖户粪便处理的难题，减少了农田的化肥使用量，有利于发展无公害绿色食品，促进生态农业的良性循环和可持续发展，环保效益、经济效益、生态效益和社会效益十分显著，值得大力推广。

案例 3　浙江省龙游县全县域集中处理模式
【综合利用型】

一、简　介

　　龙游县有存栏 100 头以上生猪规模养殖场 912 家，年生猪饲养量 110 万头，从 2011 年开始对全县生猪产生的猪粪实行"统一收集，集中处理"，并由浙江开启能源科技有限公司按市场化进行运营。浙江开启能源科技有限公司依托全国农业废弃物资源化利用及沼气发电项目，利用生猪排泄物厌氧发酵，产生的沼气用于发电，于 2011 年 8 月建成并网发电，装机容量为 1 兆瓦，2012 年上马有机肥生产线，2014 年又动工建设第二期 1 兆瓦发电工程项目，并于 2015 年 6 月并网发电。该项目是目前全国利用猪粪发电规模最大的"电、热、肥三联产"模式示范工程之一。为确保收集运输过程中的环保和安全，专门配置全封闭式吸粪车 16 辆对全县规模猪场生猪排泄物进行收集。目前，公司每日可消耗生猪排泄物 450 吨，可年处理猪粪、茶叶渣、秸秆等农业废弃物 18 万吨，年产沼气 750 万立方米，年发电量 1 600 万千瓦时，年产固体有机肥约 8 000 余吨、沼液浓缩肥约 1.7 万吨。形成了"猪粪统一收集→沼气发电→有机肥生产→种植业利用"的大循环、全利用模式，解决了畜禽排泄物直接就近排放造成的土壤、水体等一系列环境污染问题，弥补了规模养殖场所建沼气设施产生的沼气能源化利用率低、直接排空等不足，改善了区域内卫生环境（图 4-3-1）。

浙江开启能源科技有限公司大门　　　　　浙江开启能源科技有限公司全景

图 4-3-1

二、工艺流程

　　采用完全混合厌氧发酵工艺（CSTR）（即在常规沼气发酵罐内采用搅拌和加温技术），利用畜禽排泄物与秸秆混合做原料进行沼气发电。猪粪及其他农业废弃物经预处理和厌氧发酵后，生产的沼气经生物脱硫净化后通过干式贮气柜进入沼气发电机组生产电力并上网销售，发电机组的余热用于匀浆池和厌氧罐物料的增温。厌氧发酵所产生的沼渣经固液分离，固体部分用于生产固体有机肥料，液体部分通过沉淀、浓缩用于生产浓缩液态有机肥料（图4-3-2）。

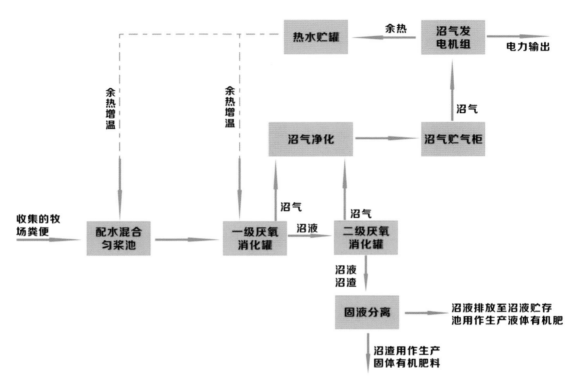

图4-3-2　农业废弃物厌氧消化沼气发电工艺流程

三、技术单元

1. 收集

每个猪场建设标准集粪房，用于猪场猪粪的临时存放，集粪房应防渗漏，并便于车辆的收集，集粪房的大小根据养殖规模而定，以可存放半个月以上为原则。

2. 运输

运送粪便的车辆必须全封闭，防止沿途污染。

3. 预处理系统

将收集的猪粪和茶叶渣倒至混合匀浆池内，去除包装袋、砂石等杂物，将池内原料充分混合均匀后向厌氧发酵罐进料。

4. 厌氧处理系统

通过厌氧罐搅拌器对发酵液进行搅拌，加强发酵液与微生物的充分接触，提高产气率。一级厌氧发酵后的沼液自流至二级厌氧发酵罐，并在二级厌氧罐内与其他固体废弃物混合后进行二次厌氧（图 4-3-3 至图 4-3-6）。

图 4-3-3　集粪房

图 4-3-4　粪便收集运输车

图 4-3-5　匀浆池

图 4-3-6　厌氧发酵罐

5. 沼气脱硫净化系统

采用生物法去除沼气中的 H_2S，用双膜干式贮气柜贮存净化后的沼气（图4-3-7）。

图4-3-7　脱硫塔

6. 沼气发电及余热利用系统

以冷凝脱水后的沼气为燃料发电，实现热电联产。沼气发电机组具有二套独立的余热回收系统，沼气发电机组烟道气余热将用于余热蒸汽锅炉生产蒸汽，供水解匀浆池增温所用，其他如缸套水冷却、润滑油冷却、中冷器等余热经换热器可产生热水，供厌氧罐保温所用。在场内设置一台沼气热水锅炉，用于调试时的供热，也用于当发电机组不能正常工作时的备用热源。沼气发电机组余热以90℃热水形式进入热水贮罐上部，以供使用，使用后70℃热水返回沼气发电机组换热器，循环使用（图4-3-8、图4-3-9）。

图4-3-8　发电机组

图4-3-9　余热收集系统

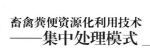

7. 有机肥生产系统

二级厌氧的产物经泵送至螺旋挤压分离机进行固液分离，沼渣生产成固态商品有机肥，沼液通过膜处理经 10% 浓缩后成为液态商品肥，在非用肥季节沼液将进入贮存池贮存，贮存池大小应可存放 6 个月以上浓缩的沼液量，沼液浓缩后的其他液体应达到国家环保排放标准再可向外排放（图 4-3-10、图 4-3-11）。

图 4-3-10　浓缩沼液贮存罐

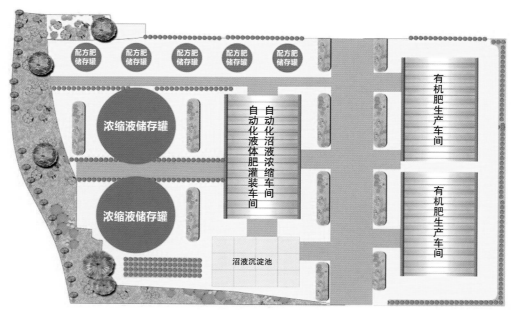

图 4-3-11　沼液浓缩处理系统平面布局

四、投资效益分析

（一）企业效益

沼气发电按年发电量 1 600 万千瓦时计算，除去自用的 20%，剩余的 1 280 万千瓦时上网销售，每度售价 1.1 元，年销售收入 1 408 万元；固体有机肥按每年 8 000 吨、每吨 500 元计算，年可增加收入 400 万元；浓缩后的液体有机肥按每年 1.7 万吨、每吨 500 元计算，年可增加收入 850 万元；承包的 5 000 亩土地用自制的有机肥进行施肥，有机种植水稻、甘蔗、甜瓜、草莓、迷你小番茄、柑橘等，年产值 600 万元，总产值达 3 258 万元，年利润近千万元。

（二）社会生态效益

猪粪统一收集、集中处理、综合利用以后，减轻了生猪养殖企业猪粪难处理的压力，减少了氨、氮、COD 的排放，达到了治水目的，获得了显著的社会生态效益。

五、应用范围及条件

粪便集中处理中心需交通便利、地势平坦，远离居民区 1 千米以上。

粪便集中处理中心周边有连片种植业基地，特别是需肥较多的蔬菜、瓜果、苗圃基地，基地实行统一品种、统一种植、统一管理。

粪便集中处理中心周边有分散的畜禽养殖户，且运输半径不超过 10 千米。

粪便集中处理中心规模要因地制宜，根据所覆盖区域内养殖畜种、养殖场（户）规模及农户种植规模进行综合权衡，确保处理中心能长效运行。

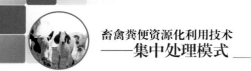

案例 4　上海市崇明县畜禽粪便集中处理模式
【生物质能源型】

一、简　介

上海崇明县畜禽粪便集中处理模式由上海林海生态技术股份有限公司承担，该公司在上海市农业委员会的支持下，在上海崇明县生态岛开展沼气工程，截至 2013 年公司已在崇明 14 个乡镇建立了近 50 个沼气工程点，其中，拥有 17 个片区沼气工程点，29 个小沼气工程点和 4 个大沼气工程点，所有沼气工程点均处于有效运行状态，其中，近 40 个已实现建管一条龙服务。主要介绍片区处理模式的沼气工程点（图 4-4-1）。

图 4-4-1　林海公司的片区沼气工程点

以行政村为单元，集中收集该村所有养殖户的猪粪、猪尿，并可根据规模吸纳周边邻村一些散户的畜禽粪便，集中建设一个较大规模的沼气工程，做到"3 个集中 1 个还田"：粪便集中收集、集中发酵处理、沼气集中供气及沼渣沼液生态还田。

二、工艺流程（图4-4-2）

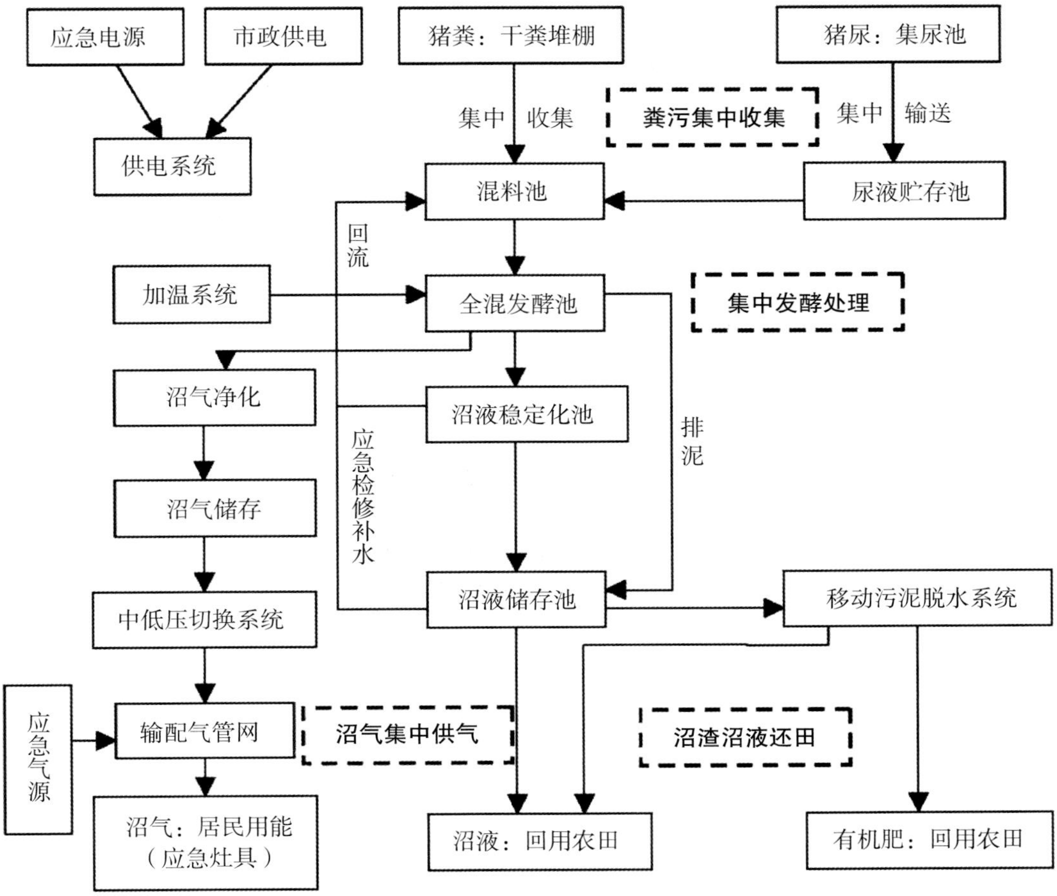

图4-4-2　崇明生物质能源型处理模式工艺流程

三、技术单元

1. 片区处理模式选点原则

（1）行政村及其周边2千米范围内散户总计饲养规模常年存栏量在2 000~3 000头的村庄。

（2）行政村内至少存在一户存栏量在500头以上的养殖户，且村委、养殖户、周边农户有较大的积极性和充分认识，有利示范工程的协调。

（3）结合当地新农村试点村建设，行政村内最好有大的专业蔬菜等种植户或周边有一定的农田或园艺场地，能够接纳沼渣和沼液。

（4）符合畜牧发展规划、区域经济发展规划范围。

（5）交通条件便利，道路及水电到位，进入沼气工程的混凝土道路宽度不得低于 3 米并能允许 6 吨卡车通行（运输沼渣沼液）、380 伏 20 千伏安电源能接入，以利于工程建成投产后的集中管理和示范（图 4-4-3）。

图 4-4-3　沼气工程点的粪便运输车

（6）沼气工程建设用地面积在 2 亩左右，该土地为村委集体土地，且土地备案为农业附属设施用地。

（7）沼气工程建设用地距离最近的居民区不低于 100 米、距离最近的养殖户不低于 50 米、用地上方无高压线且距离高压线塔或杆不低于 50 米。

（8）供气范围以沼气工程建设用地为圆心直径控制在 1 千米范围内、供气户数量控制在 200~300 户，有利集中供气。

（9）选点范围内涵盖的养殖户能主动在政府相关部门的指导下进行棚舍、雨污分离、干湿分离以及配套干粪堆棚与集尿池、用于养殖户进行粪便运输的道路等设施的改造、建设工作，此工作内容及所需资金不在沼气工程范围内。

（10）选点范围内供气户用气实行自愿安装、有偿使用原则，沼气工程的建设以及户外供气管网的铺设以政府资金完成，户内计量表（IC 卡表）、阀门、管道以及沼气灶（普通双眼灶）所需费用由政府资金 50% 以及用气户分摊 50% 组成，用气户分摊 50% 以初装费形式向供气户收取，日常用气按价格 1.5 元 / 立方米据实收费。

2. 片区处理模式运作管理

（1）政府各相关部门。负责项目的实施及协调推进、资金的监督管理、承建及托管单位的监管等工作。

（2）养殖户。负责其所有棚舍、雨污分离、干湿分离以及配套干粪堆棚与集尿池、用于入养殖户进行粪便运输的道路等设施的改造、建设工作，每日将猪舍产生的粪便清运至干粪堆棚内、将粪水收集进入集尿池内。

（3）承建及托管单位。负责项目的建设以及托管运行工作，以"自主经营、自负盈亏；各负其责、相互配合；产品计量、有偿使用；市场调节、兼顾公益；权益转让、适度返补；服务提升、安全管理" 48字方针的市场化托管运营机制，对所托管的项目进行日常运行维护管理，确保工程的长效运行、用气户的正常用气。

（4）用气户。用气户自愿安装、有偿使用沼气，按时缴纳气费，自觉爱护供气管网及沼气用具，安全使用沼气，享受托管单位的服务。

（5）沼渣沼液用户。沼渣沼液用户自愿接受、有偿使用沼渣沼液，及时缴纳沼渣沼液费用，科学使用沼渣沼液，享受托管单位的技术指导与服务。

四、投资效益分析

1．建设投入资金

以一个常年存栏生猪3 000头的片区沼气站为例进行投资估算及效益分析，该片区点日可处理猪粪6吨、粪水20吨，日可产沼气480立方米，投资估算内容包括沼气工程场区内的建构筑物、设备及安装、集中供气工程等，不包括养殖户提升改造、粪便收集系统以及沼渣沼液还田设施等，工程投资金额为279.50万元。

2．工程运行成本分析

（1）维修费估算。土建工程按20年折旧、残值率5%，设备及安装工程按10年折旧、残值率5%，则项目年折旧费为 $82.2 \times 95\% \div 20 + 184.7 \times 95\% \div 10 = 21.45$ 万元。

维修费按折旧费的25%估算，年维修费为 $21.45 \times 25\% = 5.36$ 万元。

（2）工资及福利费估算。站点定员为1人，根据当地平均标准，工资及福利等按每人年均6万元估算，全年工资及福利费为6万元。

（3）水电费。项目日用电量20千瓦·时，则年运行电费：20千瓦·时/天 × 365天/年 × 1.06元千瓦·时 = 0.77万元；项目用水量0.5立方米/天，则年运行水费：0.5立方米/天 × 365天/年 × 2.2元/立方米 = 0.04万元。年水电费合计0.81万元。

（4）沼渣液销售成本。沼渣液由托管公司自行销售，其销售成本取10元/吨，按项目日产沼渣液26吨，则沼渣液年销售成本为9.49万元。

（5）粪便原料收集成本。养殖户产生的粪便由托管公司集中负责收集，粪便原料收集成本取5元/吨，按项目日粪便收集量为26吨，则年粪便原料收集成本为4.75万元。

（6）年运行费用。项目年运行费用 = 维修费 + 工资及福利费 + 水电费 + 沼渣液销售成本 + 粪便原料收集成本 = 26.41万元。

3．工程运行收益分析

项目的收益主要来源对沼气、沼渣及沼液的销售，项目日产沼气480立方米、沼渣液26吨。

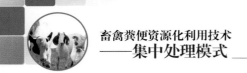

沼气销售收入：480 立方米 / 天 × 365 天 / 年 × 1.5 元 / 立方米 =26.28 万元；

沼渣液销售收入：根据崇明目前运营及市场行情，农业种植户可接受的价格为 5 元 / 吨，按项目日产沼渣液 26 吨，则年沼渣液销售收入为 4.75 万元；

项目年销售收入估算合计 31.03 万元。

4. 项目年运行效益及投资回收期

项目年运行成本 26.41 万元；

项目年销售收入 31.03 万元；

税金，根据国家政策，项目可不计算税金；

项目每年利润为：

利润 = 销售收入 – 成本 – 税金 =31.03–26.41–0=4.62 万元；

项目静态投资回收期：279.50 万元 ÷ 4.62 万元 / 年 =60 年。

综上所述，项目每年可实现利润 4.62 万元，项目静态投资回收期为 60 年。

特别说明：根据上述分析，项目的直接经济效益主要来源于沼气的销售收入，在沼气得到充分利用的情况下可以做到盈亏平衡的，这样可以保障项目的长效、稳定运行，但是项目的投资回报率基本没有，属于公益、环保项目。项目具有挖潜创收点，可以开拓工业用气户高值利用沼气，研究探索沼渣液的深加工及高效利用进行创收，若解决好沼气的充分利用、沼渣液的高值利用，完全可以使沼气工程转变为可以盈利、值得投资的项目。

五、应用范围及条件

该模式主要应用于养殖相对密集区，以村为单位，收集中小养猪场和养猪户的粪便和粪水。需要一定运输设施，主要包括运粪车、粪水装运车及相关的配套设备，要有通往养猪场（户）的道路。周围应有配套的农田或园艺场等，便于沼渣沼液的施用，以及使用沼气的农户或用气单位。

经营模式由镇、村行政管理部门负责，委托第三方经营管理。

案例 5　江苏省常州市武进区礼嘉镇
农业废弃物综合治理模式
【综合利用型】

一、简　介

针对分散型规模化畜禽养殖场污染环境的现状，常州市武进区农业局在区财政的支持下，建成了一整套畜禽粪便综合治理收—储—运技术服务体系。

礼嘉畜禽粪便综合治理工程（以下简称处理中心）占地面积 30 余亩，位于常州市武进区礼嘉镇万顷良田规划园区，园区内耕地面积 5 000 余亩，周围 15 千米范围内分布大大小小养殖场共计 70 余家，育肥猪总存栏规模约 1.5 万头。首先，由政府统一出资为各家养殖场进行雨污分流改造，并根据养殖规模配套建设粪便收集暂存池；然后，每天由运营公司用密闭式吸污车将各家暂存池中粪便转运至处理中心集中处理，平均每天收集量约 100 吨，通过 1 500 立方米大型沼气工程厌氧发酵，产生的沼气用于发电和烧制热水，沼液用于周边农田（图 4-5-1）。

图 4-5-1　武进区农业废弃物综合治理中心（礼嘉站）

二、工艺流程（图 4-5-2）

处理中心分为 3 部分（图 4-5-3）。

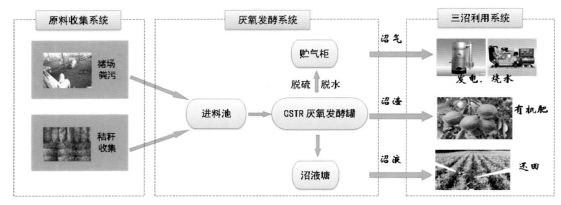

图 4-5-2 工艺流程

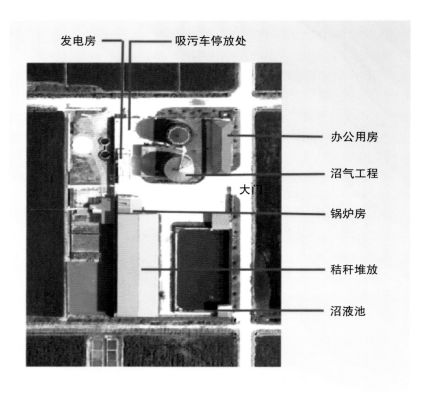

图 4-5-3 处理中心平面布局

1. 粪便减量收集

在养殖场采用雨污分流技术，雨水经承接避免与污水混合，达到污染减量收集的目的；根据养殖规模和养殖量配备一定容积的粪便收集池，减少吸污车动力消耗。

2. 厌氧生物发酵

秸秆和粪便混合厌氧发酵，杀灭寄生虫卵和各种有害病菌，对粪便水进行无害化处理，生成清洁能源沼气。

3."三沼"利用

沼气用于发电和烧制热水进行能量转换，变成电能和热能，合理确定沼渣沼液有机肥用量，提高园区土壤团粒结构，改善土壤理化性状，增强土壤透水保肥性，提高农产品的产量和质量，避免二次污染。

三、技术单元

1. 原料收集

原料包括畜禽粪便和秸秆。畜禽粪便来自处理中心周边辐射半径 15 千米范围内的养殖场，政府出资统一对养殖场进行雨污分流改造，铺设密闭的粪便管道，建造贮存 3~5 天粪便的储污池。收集的污染物为粪便、猪尿及冲圈水，实际收集量 3 万吨 / 年。配置了四辆吸污车（3 吨容量 2 辆，5 吨容量 1 辆，8 吨容量 1 辆），由运营公司将每天的清运计划安排到户。"万顷良田"内实施稻麦轮作，年产秸秆 4 000 余吨，能有效补充厌氧发酵所需原料。根据工艺设计，每天消耗粉碎后的秸秆约 1 吨左右（图 4-5-4 至图 4-5-9）。

图 4-5-4　养殖场储污池

图 4-5-5　养殖场改造

图 4-5-6　吸污车

图 4-5-7　粪便进入暂存池

图 4-5-8　秸秆粉碎间

图 4-5-9　粪便搅拌

2.厌氧发酵处理

1 500立方米的厌氧发酵罐和600立方米贮气柜，以及沼气净化利用等配套设施构成了畜禽粪便综合治理工程中最为重要的厌氧发酵系统。采用全混式连续搅拌反应系统即CSTR发酵工艺。当畜禽粪便供应减少时，可以就地用秸秆作为主要原料，保证处理中心的稳定运营。每减少1 000头生猪存栏，每天可以增加秸秆消化0.5吨。粪便被吸粪车运送至处理中心后，首先通过集粪进料口进入酸化调节池，一般情况下按照100吨粪便与1吨秸秆比例混合，经过充分搅拌进入厌氧发酵罐（图4-5-10、图4-5-11）。

图 4-5-10　厌氧发酵罐

图 4-5-11　贮气柜

3."三沼"利用

即沼气、沼渣、沼液利用。产生的沼气贮存在贮气柜内，并配置了一台82千瓦发电机组和1吨的热水锅炉，每天产生沼气约500立方米，主要供应处理中心内的设备用电和烧制热水。由于粪便的浓度相对较低，沼渣不进行固液分离，而是沼渣沼液直接还田利用。沼液平日贮存在9 000立方米的沼液塘中，在水稻小麦播种前作为基肥施用，不进行稀释，利用万顷良田的排灌设施每亩6~8吨，施用范围2 000亩；在8月初和3月初分别对水稻和小麦进行追肥，以1:1~1:2的比例稀释追肥，亩用量4~5吨。另有100亩苗木基地用沼液施肥，不受季节限制（图4-5-12至图4-5-15）。

图 4-5-12　沼气发电机

图 4-5-13　锅炉

图 4-5-14　沼液塘

图 4-5-15　热水车

四、投资效益分析

1. 经济效益

产气制热水收益计算：常州热水市场收购价格为 30 元 1 吨，以出厂价 14 元计算，3 天卖掉一车水，则年收入为 8 吨 ×120 天 ×14 元 =1.344 万元。

动力费：电费按 0.80 元 /（千瓦·时），则全年电费 60 千瓦·时 ×0.80 元 /（千瓦·时）× 365 天 =1.75 万元

减少化肥使用量：以碳酸氢铵化肥为测算标准。碳酸氢铵含氮量为 17.7%，目前市场价格为 700 元 / 吨。沼渣含氮量取 1%，年产量 3 168 吨，相当于 179 吨的碳酸氢铵。沼液含氮量取 0.05%，年产量 2.8 万吨，相当于 79 吨的碳酸氢铵。合计年产沼渣、沼液全部施用，相当于 260 吨的碳酸氢铵化肥，节约使用化肥资金 18 万元。

总收益为：产气收益 1.344 万元 / 年，有机肥收益 18 万元 / 年，电能收益 1.75 万元 / 年，合计 21.094 万元 / 年。在实际运营过程中，只有 1.34 万元热水为现实收益，直接体现为现金收入。其他各项都是潜在的，或者不是处理中心的直接收入。本项目年总收益为 21.094 万元，年运行成本（管护费）为 120 万元，年亏损 100 万元。

2. 社会生态效益

小规模养殖场（户）自我解决污染的能力和承受惩罚的能力较弱，自身很难投入解决

污染，同时政府监管也很困难。武进区政府转变监管角色改为向农民伸出服务之手，由政府建设集中处理中心，将分散式养殖场的畜禽粪便收集起来，统一进行无害化处理，以"购买服务"的方式，招标公司进行规范化运营管理。项目实施后有效减轻了畜禽粪便和秸秆资源就地焚烧对环境所造成的污染，沼渣沼液还田改善了土壤理化性质，减少了化肥农药施用量，有利于发展无公害农产品和绿色食品，促进农业生态的良性循环和可持续发展，达到经济、环境、能源、生态的和谐统一。

五、应用范围及条件

该处理模式主要适用于收集一定区域范围内众多小规模养殖场畜禽粪便的集中处理。

需要政府财政的大力支持，用于建设畜禽粪便集中处理中心、扶持养殖场（户）建设粪便存贮池和干粪堆积棚、配套种植基地粪便贮存利用设施等。

为便于沼气工程产生的沼渣、沼液就地就近利用，实现种养结合，要求周围配套相应的农地（或农田、林地、园地），或通过与周边种植业主合作的方式保障沼渣沼液的消纳土地。

案例6　江苏省常州市郑陆镇粪便集中处理模式
【有机肥生产型】

一、简　介

　　江苏科力农业资源科技有限公司位于常州市天宁区郑陆镇牟家村，是江苏省农业委员会认定的具备商品有机肥定点生产资格的企业、江苏省农业科技成果生物有机肥转化基地，常州市农业高新技术企业、常州市农业产业化龙头企业。公司成立于2009年，总占地面积98亩，建筑面积22 500平方米，总投资达2 500万元，并拥有位于郑陆镇的东青农业废弃物初级发酵场和位于雪堰镇的太湖蓝藻后续生产利用基地。现有员工45人，其中，专业技术人员8人。2014年生产优质有机肥和育秧基质等产品4万吨，实现产值3 800多万元，年消化农业有机废弃物5万吨（图4-6-1）。

图4-6-1　江苏科力农业资源科技有限公司（郑陆镇场区）

　　农业废弃物初级发酵场位于郑陆镇牟家村，场区占地46亩，主要由办公研发区、农业废弃物收贮区、有机肥发酵生产区、成品集成生产区组成，其中，畜禽粪便集中处理中心占地40亩。场区内原料、成品仓库2 000平方米、各类生产车间4 300平方米，拥有翻抛机、粉碎机、造粒机等各类生产设施设备（主要设施设备配置见表4-1）。场区周边15千米范围内主要养殖类型为生猪、奶牛、鸡、及鸭等分散式规模养殖场，养殖场以干清粪为主，年粪便产生量73 500吨，由养殖户自行清理至集粪池。公司将周边分散中小型养殖场的畜禽粪便收集起来，集中堆肥处理，生产商品有机肥，实现专业化收集、企业化生产、商品化造肥、市场化运作（图4-6-2）。

图 4-6-2　江苏科力农业资源科技有限公司（郑陆镇场区）卫星实景

表 4-1　主要设施设备配置

主要设施设备	数量	主要设施设备	数量
发酵槽	600 立方米	铲车	5 辆
发酵场	3 000 平方米	输送机	10 辆
搅拌机	4 台	颗粒机	3 台
秸秆粉碎机	3 台	圆盘造粒机	1 台
自行式翻抛机	1 台	筛分机	1 台
槽式翻抛机	1 台	烘干机	1 台
冷却器	1 台	自动包装机	1 台

二、工艺流程（图 4-6-3）

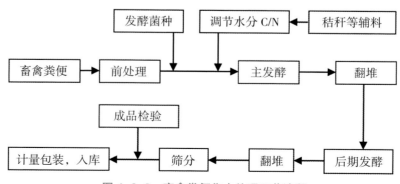

图 4-6-3　畜禽粪便集中处理工艺流程

三、技术单元

1.粪便收集

有机肥生产原料主要由畜禽粪便、秸秆和菌种三部分构成。粪便收集地区主要养殖类型为生猪、鸡、鸭及奶牛等，日实际收集量145吨。公司建立了专业粪便运输队伍，负责清运。采用经防疫部门认可的车辆进行粪便收集，收集过程实行全封闭运输。做好卫生防疫工作，进出养殖场粪便存放区，对车辆外表进行清洁消毒处理（图4-6-4）。

图 4-6-4 运输车

2.预处理

将畜禽粪便和秸秆粉按3:1比例混合，采用高温好氧发酵工艺。原料碳氮比（C/N）宜为25∶1~30∶1，含水率为50%~60%，pH值为6.5~8.5，加入发酵菌种搅拌，添加量为1‰~2‰。应用槽式和条垛式好氧发酵进行生物处理。槽式发酵依靠槽壁保温，并采用通风增氧加速发酵速度产生热量增温。条垛式发酵要保持堆体一定的体量，维持高温（图4-6-5至图4-6-8）。

图 4-6-5 条垛式堆肥发酵

图 4-6-6 槽式堆肥发酵

图 4-6-7　通风装置

图 4-6-8　槽式堆肥发酵

3. 主发酵

发酵温度 55~70℃，发酵温度 55℃以上保持 5~7 天，每天至少翻堆 1 次，定期测定堆肥温度，堆肥过程物料 55℃以上温度持续时间不得少于 5 天，发酵温度不宜大于 75℃。温度过高时，开启通风装置或者进行翻堆降温。一级高温堆肥发酵控制在 10~15 天（图 4-6-9）。

4. 后熟发酵（静态发酵）

发酵物料移至场地，堆制，进行后熟发酵，发酵时间 15~30 天。二级发酵至少 10 天翻堆 1 次（图 4-6-10）。

图 4-6-9　主发酵

图 4-6-10　后熟发酵

5. 筛分去粗

经过一级高温堆肥发酵和二级后熟发酵腐熟后，对后熟发酵物料进行筛分，用破碎机对过粗物料进行粉碎。破碎后物料用振动筛、滚筒筛或旋振筛过筛，筛孔大小为 3~8 毫米为宜。筛上粗物料作为原料返回一级高温堆肥或二级后熟堆肥，筛下细物料送入造粒车间造粒制成颗粒有机肥料，也可直接包装制成粉状有机肥料。

6. 计量检验

检验合格后，产品计量包装，入库。成品肥料放在阴凉、通风环境中贮存，贮存周期不宜超过 6 个月。成品肥料贮存设施应具有防雨、防潮功能（图 4-6-11、图 4-6-12）。

图 4-6-11 筛分机

图 4-6-12 自动包装机

四、投资效益分析

1. 经济效益

年总产量以有机肥 3 万吨 / 年计，有机肥价格以 520 元 / 吨计算。

年总产值：3 万吨 ×520 元 / 吨＝ 1 560 万元。

年总费用：

固定资产总投入年费用：97.5 万元

原料总成本约为：3 万吨 ×280 元 / 吨＝ 840 万元

人员费用：30 人 ×3.5 万元 / 年＝ 105 万元 / 年

总运行维护管理费用：设备修理、劳动保护等：90 万元 / 年

电耗、水耗、能耗：3 万吨 ×20 元 / 吨＝ 60 万元 / 年

运费：3 万吨 ×50 元 / 吨＝ 150 万元 / 年

资质证书花费：约 1 万元 / 年

税收：1 560 万元 ×3.1% ＝ 48.36 万元

发酵物料自然损耗等其他费用：65 万元 / 年

合计年总费用：1 456.86 万元。

年总利润约：1 560-1 456.86 ＝ 103.14 万元

2. 社会效益

推进区域养殖污染治理，实现节能减排，改善区域环境，为畜禽养殖业持续健康发展提供动力。利用畜禽粪便生产有机肥，变废为宝，不但改善农村生产生活环境，而且促进区域循环农业经济发展，解决劳动就业。有效推进区域畜禽养殖业的科技进步，从总体上降低了生产成本，提升了养殖效益，从而实现畜禽养殖者节本增收，获得较好的经济效益。

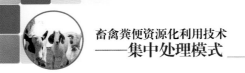

3.生态效益（表4-2）

年可消化畜禽粪便5.3万吨，以猪粪为主。据估算每年可削减COD 2 756吨、BOD 302 2.6吨、氨氮164.3吨、总磷180.7吨、总氮311.6吨，环境效益明显。公司对畜禽粪便进行堆积发酵后作为有机肥还田，减少了病菌传播，改变了自然还田或外排的现状。养殖废弃物得到了资源化生态循环利用，不仅可节约用水，对控制太湖流域面源污染，改善水环境质量，培肥农田土壤起到了积极作用。

表4-2　生态效益分析

项目	COD	BOD	NH_4^+-N	TP	TN
猪粪（千克/吨）	52.0	57.03	3.1	3.41	5.88
污染物减排量（吨/年）	2 756.0	3 022.6	164.3	180.7	311.6

* 根据中华人民共和国环境保护部公布的《畜禽养殖排污系数表》中畜禽粪便中污染物平均含量计算污染物排放量。以猪粪计，粪便年处理量53 000吨。污染物减排量等于猪粪便染物含量与粪便处理量的乘积

五、应用范围及条件

粪便集中处理中心需交通便利、地势平坦，远离居民区1千米以上。

粪便集中处理中心周边有分散的畜禽养殖户，且运输半径不超过15千米。

该模式适合于处理固体粪便，生产有机肥，适合处理鸡场、肉牛场和羊场的粪便，以及猪场和奶牛场中的固体粪便。固体粪便采用粪车转运，机械搅拌堆肥，堆制腐熟，粉碎加工等工艺制成商品化有机肥，提高肥料附加值。

案例7 江苏省东台市畜禽粪便集中处理模式
【综合利用型】

一、简 介

中粮肉食（江苏）有限公司位于江苏省东台市境内，现建有 15 个现代标准化生猪养殖场，年出栏健康商品猪 60 万头，其中，金东台农场养殖小区年出栏 30 万头、梁南垦区养殖小区年出栏 20 万头、黄海原种场养殖小区年出栏 10 万头。建有严格的生物安全防控体系、全自动环境控制系统、全自动喂料系统、全封闭猪舍结构、全封闭饲料配送体系、计算机生产信息采集及处理系统等，实现了生猪养殖"规模化、标准化、现代化、无害化、生态化"（图 4-7-1、图 4-7-2）。

图 4-7-1 生猪养殖场外景

图 4-7-2 金东台沼气发电厂

生猪养殖过程中年产生废弃物 60 万吨左右，按照"可持续、可循环发展"的思路，投入 1 亿多元，配套建设金东台、梁南、黄海三座沼气站，开发清洁能源，发展循环农业，促进种养结合。沼气作为热电联产发电机组、燃气锅炉燃料，发电上网、热水循环利用。沼液、沼渣作为有机肥料，用于农业生产。

二、工艺流程

公司按照"养殖废弃物—清洁能源—有机农业"的技术路线，采用"热电肥联产"工艺。生猪粪液在养殖场汇集后通过输送管道泵送到沼气站匀浆池，在匀浆池内停留两天，进行除砂、匀浆、增温等操作，然后由泵送系统送到厌氧消化罐，在厌氧消化罐进行消化产气，消化罐内设有加热系统以及搅拌系统来保证粪液能充分消化和产气。沼气经过冷却、脱硫后，一部分进入沼气锅炉，产生的热量通过热水回流用于消化罐增温，来保证厌氧消化罐的消化温度；大部分压送至热电联产机组，发电并网销售，同时余热回收。消化完的厌氧出料先进入到沉淀池沉淀，上清沼液进入沼液存贮池，作为农作物种植用的有机肥料，经管道输送至农田；沉渣经固液分离后加工固体有机肥（图4-7-3）。

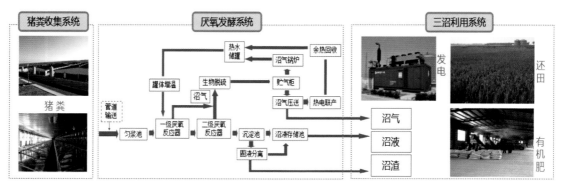

图4-7-3 工艺流程

三、技术单元

（一）沼气工程（以金东台沼气发电工程为例）

1. 匀浆池

粪液被送入匀浆池（图4-7-4），在池内充分混合，在此实现匀浆、水解、增温，以保障后续处理构筑物正常运行。粪液在匀浆池内充分混合后泵入厌氧罐内。

2. 厌氧消化

厌氧发酵系统采用全混合厌氧反应器（图4-7-5），根据粪液进料量设计容量20 000立方米，水力停留15天。每座厌氧发酵罐内配置高效中心立式节能搅拌机，采用上下两层桨叶，使物料充分混合搅拌，保证罐内的充分传质和传热，有效避免罐内发酵死区和局部酸化。罐体采用高密度挤塑板等材料进行强化保温，增温的热源来自热电联产发电机组以及沼气锅炉，发电机组余热和锅炉产热经热交换后贮存在热水罐中，热交换后的水再回到发电机及锅炉系统。

图 4-7-4　地下匀浆池

图 4-7-5　厌氧反应器

3. 沼气脱硫脱水

采用生物脱硫法对沼气进行脱硫处理，沼气由下部进入脱硫塔（图 4-7-6），并通入一定数量的氧气，在脱硫塔内填料上附着的好氧嗜硫细菌将沼气中的硫化氢氧化成单质硫，并根据环境条件的不同，将其进一步氧化成硫酸。

4. 沼气贮存

沼气采用双膜干式贮气柜（图 4-7-7）贮存，容量 2 100 立方米。双膜干式贮气柜由外膜、内膜、底膜和混凝土基础组成，内膜与底膜围成的内腔用于贮存沼气，外膜和内膜之间气密。外层膜充气为球体形状。贮气柜设防爆鼓风机，风机可保持气柜内气压稳定。内外膜和底膜由 HF 熔接工序熔接而成，材料经表面特殊处理加高强度聚酯纤维和丙烯酸脂清漆。

图 4-7-6　脱硫脱水单元

图 4-7-7　独立式储气柜

5. 沼气利用

采用 1.2 兆瓦热电联产沼气发电机组（图 4-7-8），余热作为热源，冬季用于厌氧进料和厌氧罐体的增温。由于采用尿泡粪工艺，考虑到日常热量需求以及电机检修，在冬季运行时增设 1 400 千瓦热功率的沼气热水锅炉（图 4-7-9）一台。

图 4-7-8　热电联产机组

图 4-7-9　沼气锅炉

（二）循环农业

1. 沼液、沼渣沉淀存贮池

厌氧发酵出料为沼液、沼渣混合液，经沉淀池沉淀后，沼液流入存贮池（图 4-7-10）暂存备用；沉渣经固液分离后干化堆置。沉渣池、存贮池均为覆 HDPE 土工膜防渗建设，三座沼气站的总容量分别为 15 万立方米、18 万立方米和 8 万立方米。

2. 沼渣分离干化

采用自动连续下卸料过滤离心式固液分离机（图 4-7-11），双转鼓分离，小转鼓轴向进料，大转鼓采用布料器布料，能有效调节和控制下料的含液率和出液的含固率，工作效率高，可实现免维护运行，物料无需添加絮凝剂，运转经济且分离效果显著，日分离能力 30 吨左右（沼渣 TS 为 15%~20%）。沼渣分离后运送至干化场干化后加工制作有机生物菌肥，市场销售。

图 4-7-10　沼液存贮池

图 4-7-11　沼渣固液分离

3. 沼渣沼液大田循环利用

在沼气工程周边建设 10 000 亩水稻、10 000 亩瓜果菜、15 000 亩鱼塘、13 000 亩小麦、20 000 亩林地、1 000 亩耐盐蔬菜等连片规模种养基地，并在各生猪养殖小区至沼气站之间，建立起 19.7 千米长的猪粪运输地下管道，再以沼气站为中心，建立了 25 千米左右辐射周边各大规模种养基地的沼液输送管网。利用沼液管网观察井出口再接暂时管道，将沼液送进田间引水沟渠、暂存池或淡水养殖池塘。水生作物沼液直接随水下田，旱粮瓜菜运用汽油泵、喷洒机械根据不同作物、不同用量，进行浇施、喷施、滴灌和迷雾（图 4-7-12 至图 4-7-19）。

图 4-7-12 沼液肥输送管道

图 4-7-13 沼液有机肥加肥站

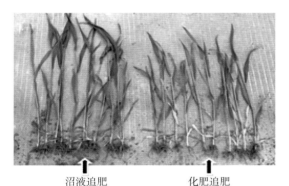

沼液追肥　　　化肥追肥

图 4-7-14 沼液肥种植小麦

图 4-7-15 露地蔬菜根外喷施

图 4-7-16 设施蔬菜根部滴灌

图 4-7-17 西瓜滴灌施肥

图 4-7-18　沼液肥鱼塘喷施

图 4-7-19　沼液肥林地追肥

四、投资效益分析

（一）经济效益

公司年沼气发电 550 万度左右，收益 360 万元左右；年供气产热 110 万立方米，收益 160 万元左右，年总收益 520 万元左右。但由于投资规模较大，年运行及折旧费用较高，加之沼液还处于试验示范、无偿使用阶段，经济效益不显著（表 4-3）。但是，应用沼液有机肥，生产绿色农产品，具有较好的社会效益与生态效益。

表 4-3　经济效益分析

编号	项目					金额（万元/年）
（一）	收入		=1+2			521
1	发电收益	0.647	元/度	550	万度	356
2	供气收益	1.5	元/立方米	110	万立方米	165
（二）	运行成本		=1+2+3+4			482
1	年耗电费					119
2	设备维护费					118
3	人员工资					158
4	其他支出					87
（三）	折旧费用					400
（四）	经济效益		=（一）-（二）-（三）			-361

（二）社会效益

项目的实施使生猪粪液得到无害化处理、资源化利用，有效改善了养殖场周边的环境质量。生产的沼气用于热电联产发电并网销售，余热回收利用，同时作为锅炉燃料增温，可减少燃料的消耗，促进区域可再生资源的发展。

产生的沼液、沼渣是一种高效、安全的有机肥料。沼渣经干化后用于制作有机生物菌肥，销售全国。沼液作为液态有机肥，水稻施用沼液肥每季每亩节约化肥成本125元左右，小麦施用沼液肥每季每亩节约化肥成本50元左右，蔬菜施用沼液肥每季每亩节约化肥成本200元左右，养鱼施用沼液肥每年每亩节约肥水成本150元左右。年可降低肥料成本925万多元，农民降本十分明显。而且提高了农产品产量和品质，2013年7月28日，农业部农产品质量安全检测中心（南京）对沼液种植的生态稻谷进行检测后，颁发了《无公害农产品证书》。

（三）生态效益

沼气工程的运行，一方面生产清洁能源，减少废弃物环境污染，减少温室气体排放，年减排二氧化碳5万吨。另一方面产生的沼渣沼液的肥料化利用可显著改善土壤团粒结构，提高土壤有机质，提高土壤肥力，根据中国科学院南京分院滩涂研究院对使用沼液后的土壤检测：盐含量由0.46‰下降为0.27‰；土壤有机质从11.2克/千克提升到14.8克/千克，提升幅度为32.7%；土壤有效钾从12.47毫克/千克提升到24.95毫克/千克，提升幅度为100.1%；土壤有效磷从15.35毫克/千克提升到24.17毫克/千克，提升幅度为57.5%。2013年9月，江苏省农委检测中心对沼液改良后的土壤检测后，颁发了无公害农产品《产地认定证书》。

五、应用范围及条件

该处理模式主要适用于单个大规模养殖场畜禽粪便处理或收集一定区域范围内众多小规模养殖场畜禽粪便集中处理。为便于沼气工程产生的沼渣沼液就地就近利用，实现种养结合，要求养殖业主拥有相应的农地（或农田、林地、园地），或通过与周边种植业主合作方式保障养殖粪便的消纳土地。

第二节　牛场案例

案例8　重庆市梁平县畜禽粪便集中处理模式
【有机肥生产型】

一、简　介

　　畜禽粪便集中处理和加工有机肥模式的实施单位为重庆市梁平县丰疆生物科技有限公司，该单位主要利用梁平县恒进农业开发有限公司饲养的8 000头肉牛生产的粪便及周围部分猪场和鸡场生产的粪便开展集中处理和有机肥加工生产，从而解决了养殖场的粪便处理问题。该单位为私营企业，占地面积为100亩，总建筑面积为44 400平方米，其中，厂房41 500平方米，办公楼1 500平方米，宿舍1 200平方米，展厅200平方米（图4-8-1）。总投资5 376万元，其中，土地租金12万元，土建3 842万元，设备投资1 329万元，其他193万元。资金来源除贷款300万元外，其他均为自筹资金，即自筹资金达94.42%，贷款5.58%。设计生产规模为年处理粪便能力30万吨，设备16台套。员工60人，其中，管理人员20人、技术人员5人、工人35人。

图4-8-1　公司办公大楼

二、工艺流程

其工艺流程如图 4-8-2。

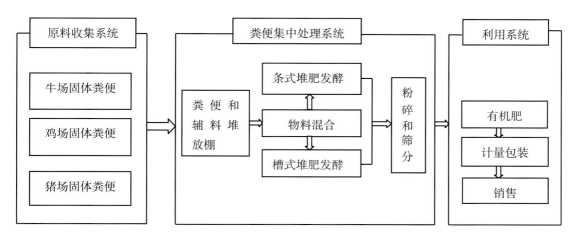

图 4-8-2 梁平模式工艺流程

三、技术单元

（一）粪便收集与运输情况

收集粪便种类为混合，包括猪粪、牛粪、禽粪及其他，其中，以肉牛粪为主。具体比例为牛粪 75%、禽粪 10%、猪粪 10%、其他 5%。

收集粪便主要为固液混合收集，收集形式包括直接到场收集（处理中心→养殖场户）和分段收集（处理中心→集中收集点→养殖场户），还有其他的形式。

收集对象生产规模为猪场最大 2 万头，最小 1 000 头，平均 2 000 头；禽场最大 5 万只，最小 5 000 只，平均 15 000 只；牛场最大 10 000 头，最小 500 头，平均 5 000 头。

收集半径（辐射范围）为 50 千米，收集频率为每日 25 次。运输用专用管道及其他密闭式运输车。

（二）粪便处理与利用情况

2014 年全年生产规模 6 万吨，为设计能力的 30%。

处理粪便类型为混合，包括猪粪、牛粪和禽粪等。主要生产商品有机肥，处理效果良好，但经济效益一般（图 4-8-3）。

图 4-8-3　粪便处理及有机肥生产

四、投资效益分析

成本（包含设备投资及运行成本）为 665 元 / 吨，其中，粪便收集费用（按现有收集频率计算，含燃油、人工、车辆折旧等）为固体粪便 200 元 / 吨，固液混合 380 元 / 吨，粪便本身费用为 50 元 / 吨。商品有机肥销售收入 700 元 / 吨。

效益基本处于盈亏平衡，主要原因为辅料成本过高，有机肥市场销售价格较低。

五、应用范围及条件

该模式特点是改变现有养殖场粪便单独处理模式，降低单位动物的投资和运行费用，通过政府扶持、企业参与、商业运行，每吨粪便收取一定处理费来实施。该模式更适合于处理固体粪便，生产有机肥，适合处理鸡场、肉牛场和羊场的粪便，以及猪场和奶牛场中的固体粪便，一般选择在一定区域内，达到一定饲养规模的养殖密集区，依托规模化养殖场，建设粪便集中处理利用工程。固体粪便采用粪车转运，机械搅拌堆肥，堆制腐熟，粉碎加工等工艺制成商品化有机肥，提高肥料附加值（图 4-8-4）。

图 4-8-4 复合有机肥

　　猪场和奶牛场的粪水不适合生产有机肥，集中处理难度较大，应采用其他处理模式。该模式的应用因需要到各场收集粪便，要特别注意生物安全问题。

第三节　鸡场案例

案例9　四川玉冠鸡粪集中处理模式
【有机肥生产型】

一、简　介

　　四川玉冠农业股份有限公司，位于四川省射洪县瞿河食品加工园区，公司主要经营范围包括种鸡养殖、种蛋孵化、饲料生产、肉鸡饲养、屠宰加工。公司采用"公司＋基地＋农户"的形式，公司与农户合作，由公司统一供雏、统一供料、统一防疫、统一保健、统一收购。目前规模为存栏种鸡35万只，年出雏3 700万羽，其中养殖户年出雏3 000万羽。

二、工艺流程

　　公司自有基地为多层饲养，采用传送带进行清粪并通过绞龙系统自动出粪，每天出粪1次，鸡粪全部送入有机肥厂生产有机肥，年产粪约1.5万~2万吨。养殖户采用层养，每批出栏后清粪和冲水，鸡粪统一送至有机肥厂生产有机肥。

三、技术单元

　　有机肥处理中心采用槽式堆肥工艺（图4-9-1），设计年生产有机肥4万吨颗粒有

图 4-9-1　槽式堆肥

机肥。

发酵工艺为：鸡粪和辅料（蘑菇渣等）混合后，添加一定量的菌剂，用铲车放至发酵槽内发酵，发酵槽高 2 米，堆高约 1.8 米，底部有通风管道，每 2 天通风 1~2 小时，如果堆体温度升高至 65℃以上，利用翻堆机进行翻堆，发酵周期 21~30 天，然后进入腐熟车间，腐熟后生产颗粒有机肥（图 4-9-2）。

图 4-9-2　有机肥制粒

四、投资效益分析

该有机肥厂占地面积约 13 200 平方米（20 亩），其中，原料贮存车间、原料混合车间、发酵车间、腐熟车间和制粒车间以及成品库房面积共计约 10 000 平方米。总投资 3 800 万元，包括土地租赁、土地平整、设备和厂房土建等。其中，土建投资约 760 万元（约 760 元 / 平方米），设备 350 万元（翻抛机 33 万元，制粒系统 288 万元）。

目前主要产品为有机—无机复混肥，主要出售至新疆种植葡萄，售价为 3 200~4 000 元 / 吨，普通有机肥售价为 1 300~1 500 元 / 吨。鸡粪原料成本为在 150~250 元 / 吨，运输成本约 50 元 / 吨。

五、应用范围及条件

本模式依据鸡粪特点及利用形式设计工艺流程，并按市场需求确定产品类型或品种，适合大型养鸡场或采用"公司＋基地＋农户"形式养殖肉鸡的鸡粪处理与利用。生产工艺流程相对简单，关键是要解决好产品销路问题，尤其是有机—无机复混肥等高档产品更要做好产销对接。

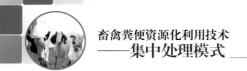

案例 10　江苏省盐城市大丰区畜禽粪便集中处理模式
【生物质能源型】

一、简　介

　　江苏苏港和顺生物科技有限公司由国有企业江苏大丰海港控股集团控股投资，成立于2014年5月16日，注册资金2 000万元。公司实施的"大丰市畜禽养殖废弃物综合利用试点项目"被列为国家畜禽养殖废弃物综合利用的示范试验项目，该项目遵循"废弃物 + 清洁能源 + 有机肥料"三位一体的技术路线。

　　项目总投资6 391.07万元，建设地点在大丰华丰农场内，用地面积190亩，主要建设生产厂房及沼气提纯、有机肥等配套设施，年处理畜禽粪便8.7万吨，年产生物质燃气397万立方米、沼液15万吨、基质0.5万吨。

　　该项目有以下的特点：①规模化，集中收集周边养殖户的畜禽粪便，综合治理，改变以前小沼气建而未用、大多废弃的现象；②商品化，沼气脱硫脱碳，制成生物燃气输入管道，供应社会市场，发酵剩余产物沼液沼渣商品化生产，形成产业链；③社会化，把全区畜禽养殖废弃物统一集中处理，变废为宝，保护和改善了环境，实现了种植业、养殖业的循环持续健康发展（图4-10-1）。

图4-10-1　苏港和顺生物科技有限公司项目全景

132

二、工艺流程

工艺流程图（图 4-10-2）。

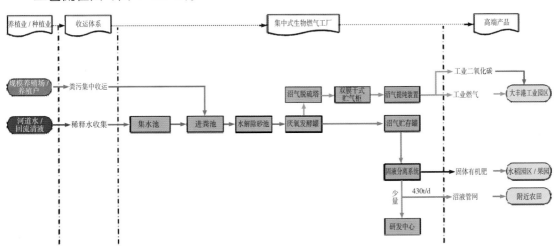

图 4-10-2　工艺流程

预处理阶段：规模化养殖场与养殖户产生的鸡粪、猪粪分别收集运输至集中处理中心，与回流沼液混合均匀后，泵入水解除砂池在 30℃下进行水解除砂，之后进入厌氧发酵罐。

厌氧发酵：项目采用完全混合式钢结构厌氧发酵罐，中温 35℃发酵，有机物经厌氧发酵转化为沼气。

固液分离：厌氧发酵出料进行固液分离，沼渣排出进入固态有机肥厂，用于制造固态有机肥；沼液通过管网施用于附近农田，少量沼液进入研发中心生产高端液肥。

固态有机肥厂：厌氧发酵后的沼渣进入固态有机肥厂，通过干燥、粉碎、添加 NPK 营养元素、造粒、干燥冷却、筛分包装等处理，生产高附加值的有机固态肥，销售用于有机农业种植。

沼气净化提纯：厌氧发酵罐生产的沼气经脱硫、脱水等单元净化后进入双膜干式贮气柜贮存，之后进入沼气提纯单元进行精脱硫及脱碳处理，生产生物质燃气，生物质燃气及提纯副产物二氧化碳可用于工业园区。

三、技术单元

（一）预处理单元

预处理单元包括集水池、进粪池、水解除砂池。

1. 集水池

集水池用于存放稀释水，回流液（图 4-10-3）。

图 4-10-3　集水池

2. 进粪池

鸡粪、猪粪与稀释水在进粪池内混合均匀（图 4-10-4）。

图 4-10-4　进粪池

3. 水解除砂池

粪便混合物在此进行粪砂分离，采用螺旋除砂机除去粪便中的砂子（图 4-10-5）。

图 4-10-5　水解除砂池

（二）厌氧发酵系统

工程厌氧发酵系统采用完全混合厌氧发酵罐（CSTR）。CSTR 适用于高浓度物料的厌氧发酵。在发酵罐内采用搅拌和加温技术，大大提高了发酵速率，其优点是：发酵过程稳定，发酵物料浓度高，便于管理，易启动，运行费用低（图 4-10-6）。

图 4-10-6　厌氧发酵系统

（三）沼气净化单元

厌氧发酵罐产生的沼气是含饱和水蒸气的混合气体，除含有气体燃料 CH_4 和 CO_2 外，还含有 H_2S 和悬浮的颗粒状杂质。H_2S 不仅有毒，而且有很强的腐蚀性。过量的 H_2S 和杂质会危及后续设备的寿命。为减少沼气提纯的运行费用，保护后续处理设备，需对沼气进行脱硫净化处理。

脱硫系统主要工艺流程分为 3 部分：硫化氢的吸收、吸收液的再生和单质硫的回收三个基本单元组成。H₂S 的脱除在吸收塔内完成。原料沼气从塔底进入吸收塔，自下而上与塔顶进入的吸收液（贫液）进行逆流接触后从吸收塔顶部排出通往下一工段。在逆流接触的过程中，沼气中的 H₂S 被贫液吸收从而实现 H₂S 的脱除。贫液吸收 H₂S 成为富液，然后通过再生泵打入到再生槽内进行再生反应。再生后的吸收液进入贫液罐，由循环泵打到吸收塔顶部进行喷淋。系统中的碱溶液可以循环使用（图 4-10-7）。

图 4-10-7　沼气净化工程

（四）沼气贮存单元

采用双膜干式贮气柜贮存净化后的沼气。双膜干式贮气柜由外膜、内膜、底膜和混凝土基础组成，内膜与底膜围成的内腔用于贮存沼气，外膜和内膜之间气密。外层膜充气为球体形状。贮气柜设防爆鼓风机，风机可保持气柜内气压稳定。内外膜和底膜由 HF 熔接工序熔接而成，材料经表面特殊处理加高强度聚酯纤维和丙烯酸脂清漆。贮气柜可抗紫外线、防泄漏，膜不与沼气发生反应或受影响，抗拉伸强度强，适用温度为 −30~60℃。设备使用寿命可达 20 年以上（图 4-10-8）。

图 4-10-8　双膜干式贮气柜

（五）沼气提纯单元

将含有 200×10^{-3} 毫升/升 H_2S 的原料气经过干式脱硫塔脱硫至 5×10^{-3} 毫升/升。该装置经脱硫工序由两台脱硫塔组成。脱硫塔内装填氧化铁固体脱硫剂。该脱硫剂具有很高的脱硫活性和硫容，其中，在常温下具有脱硫活性的主要成分为：$\alpha-Fe_2O_3 \cdot H_2O$ 和 $\gamma-Fe_2O_3 \cdot H_2O$。当沼气通过床层时，沼气中的硫化氢与脱硫剂接触反应生成硫化铁：$Fe_2O_3 \cdot H_2O + 3H_2S = Fe_2S_3 \cdot H_2O + 3H_2O$。PSA 脱碳系统是将原料沼气（$CH_4$ 50%，CO_2 42.5%）提纯 CH_4 使其产品气热值大于 31.4 兆焦/标准立方米。PSA 沼气提纯工序采用 5-1-3V PSA 工艺流程，即：装置的 5 个吸附塔中有一个吸附塔始终处于进料吸附的状态。其吸附和再生工艺过程由吸附、连续 3 次均压降压、逆放、抽真空、连续 3 次均压升压和产品气升压等步骤组成。提纯后的产品气满足 GB17820-1999《天然气》中一类天然气的标准，使其原料气的回收率为 95%（图 4-10-9）。

图 4-10-9　干式脱硫塔

四、投资效益分析

社会效益：该项目不仅对当地农村生活环境有所改善，响应了国家大力发展清洁能源的号召，还对有机生态农业产业的发展具有带动作用。此外，项目实现标准化设计和工艺技术单元模块化，发挥项目的示范作用，为我国沿海养殖集中地区提供可推广、可复制的畜禽养殖废弃物综合处理利用创新模式。

经济效益：根据确定的产品方案和建设规模及预测的产品价格，该项目达产期内年均销售收入 2 260.53 万元，年利润 608.94 万元。

生态效益：项目可处理大丰区鸡粪 165 吨/天、猪粪 85 吨/天，分别占全区鸡粪、猪粪总量的 22.2%、8.9%。建设畜禽养殖粪便集中处理综合利用工程，将畜禽养殖粪便

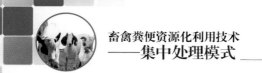

转化为清洁的生物质燃气和高效有机肥，可有效缓解养殖粪便所带来的环境压力。

五、应用范围及条件

该处理模式主要适用于较大区域范围内中小规模养殖场畜禽粪便的集中收集处理。

该工程一次性投入较大，在实施时需地方政府加以引导，并出台一些有利的政策，如建设上给予一定的项目支持、对于畜禽粪便收集部分进行补贴等。

参考文献

白晓龙，杨春和 .2015. 农村畜禽养殖废水处理技术现状与展望 [J]. 中国资源综合利用
　（06）：30-33.

白延飞，王子臣，吴昊等 .2014. 建立小型分散养殖粪便集中收集处理服务体系的研究 [J].
　安徽农业科学（33）：238-241.

党锋，毕于运，刘研萍，等 .2014. 欧洲大中型沼气工程现状分析及对我国的启示 [J]. 中国
　沼气（32）：79-83，89.

董红敏，陶秀萍 .2009. 畜禽养殖环境与液体粪便农田安全利用 [M]. 北京：中国农业出
　版社 .

封俊 .1992. 禽畜粪便的固液分离方法与设备 [J]. 农业工程学报，8（4）：90-96.

符东，王成端，廖义，等 .2014. 人工湿地净化污水机理的研究现状分析 [J]. 绿色科技
　（5）：187-190.

李国学，张福锁 .2000. 固体废物堆肥化与有机复混肥生产 [M]. 北京：化学工业出版社 .

李季，彭生平 .2011. 堆肥工程实用手册（第二版）[M]. 北京：化学工业出版社 .

李亮科，朱宁，马骥 .2015. 我国蛋鸡密集养殖区粪便处理与利用问题探讨 [J]. 农业现代化
　研究（03）：76-80.

林惠凤，刘某承，洪传春，等 .2015. 中国农业面源污染防治政策体系评估 [J]. 环境污染与
　防治（05）：102-107.

乔栋 .2012. 奶牛规模养殖场区环保工程建设要点 [J]. 中国畜牧业（23）：58-60.

全国畜牧总站 .2012. 粪便处理技术百问百答 [M]. 北京：中国农业出版社 .

尚斌，董红敏，陶秀萍 .2006. 畜禽养殖废弃物贮存设施的设计 [J]. 农业工程学报（12）：
　257-259.

申江涛 .2014. KP-250 螺旋挤压式固液分离机开发研究 [D]. 中国农业机械化科学研究院硕
　士学位论文 .

孙向平 .2013. 不同控制条件下堆肥过程中腐殖质的转化机制研究 [D]. 中国农业大学 .

陶秀萍，董红敏 .2009. 畜禽养殖废弃物资源的环境风险及其处理利用技术现状 [J]. 现代畜
　牧兽医（11）：34-38.

田晓东，张典，俞松林，等 .2011. 沼气工程技术讲座（四）厌氧消化器技术 [J]. 可再生能
　源（29）：156-159.

王晖 .2014. 太湖流域小型分散畜禽场粪便集中综合整治工程技术模式及其效益分析 [J]. 江
　苏农业科学（10）：362-364.

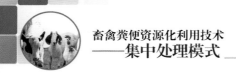

王岩 . 2005. 养殖业固体废弃物快速堆肥化处理 [M]. 北京：化学工业出版社 .

王艳，廖新俤，吴银宝 . 2010. 蛋鸡粪便贮存设施的设计与建造 [J]. 中国家禽（06）：48-51.

王永江 . 2014. 猪粪堆肥过程有机质降解动力学模型研究 [D]. 中国农业大学 .

王子臣，沈建宁，管永祥，等 . 2013. 小型分散畜禽场粪便综合治理思路探讨：以武进区礼嘉—洛阳片区畜禽养殖业为例 [J]. 农业环境与发展（02）：11-14.

王子臣，吴昊，管永祥，等 . 2013. 养殖场粪便"三分离一净化"综合处理技术集成研究 [J]. 农业资源与环境学报（05）：67-71.

王子臣，吴昊，姜海，等 . 2015. 小型分散畜禽养殖场粪便收集服务体系建设研究 [J]. 江苏农业科学（06）：360-363.

吴昊，管永祥，梁永红，等 . 2014. 江苏省太湖流域畜禽养殖污染治理现状及政策建议 [J]. 江苏农业科学（12）：401-403.

吴昊，梁永红，管永祥，等 . 2014. 江苏建立农业生态补偿机制的实践探索与政策建议 [J]. 江苏农业科学（04）：320-322.

吴军伟，常志州，周立祥，等 . 2009. XY 型固液分离机的畜禽粪便脱水效果分析 [J]. 江苏农业科学（02）：286-288.

修金生，吴顺意，周伦江，等 . 2010 . 福建省漏缝地面、免冲洗、减排放环保养猪模式的推广与应用 [J]. 福建畜牧兽医，32（05）：52-56.

杨柏松，关正军 . 2010. 畜禽粪便固液分离研究 [J]. 农机化研究（02）：223-225.

张玲 . 2013. 新时期农村分散养殖污染治理模式构建思路分析 [J]. 中国农业信息（13）：185.

郑久坤，杨军香 . 2013. 粪便处理主推技术 [M]. 北京：中国农业科学技术出版社 .

郑文鑫，方文熙，张德晖，等 . 2011. 几种常见的畜禽粪便固液分离设备 [J]. 福建农机（04）：37-39.

中国污水处理工程网 . 固液分离技术 [J/OL]. http：//www.dowater.com/jishu/，2013-10-14.